数値計算の誤差と精度

菊地 文雄 著

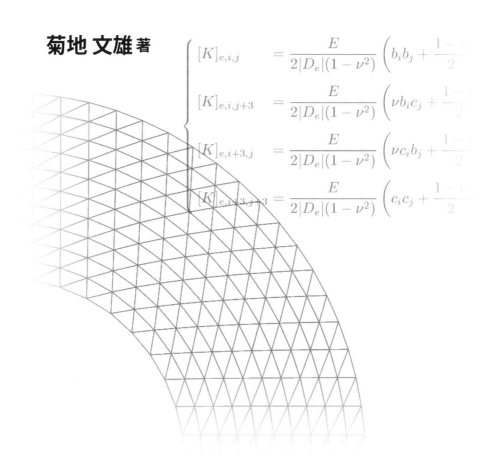

$$[K]_{e,i,j} = \frac{E}{2|D_e|(1-\nu^2)}\left(b_i b_j + \frac{1-\nu}{2}\right.$$

$$[K]_{e,i,j+3} = \frac{E}{2|D_e|(1-\nu^2)}\left(\nu b_i c_j + \frac{1-\nu}{2}\right.$$

$$[K]_{e,i+3,j} = \frac{E}{2|D_e|(1-\nu^2)}\left(\nu c_i b_j + \frac{1-\nu}{2}\right.$$

$$[K]_{e,i+3,j+3} = \frac{E}{2|D_e|(1-\nu^2)}\left(c_i c_j + \frac{1-\nu}{2}\right.$$

丸善出版

ま え が き

　コンピューターを用いた数値計算は実に広い分野で活用されており，現代文明を支える便利で強力な手法となっている．その際に問題となるのが，数値計算結果の誤差ないし精度である．単純な問題では十分な精度が得られても，少し複雑な問題では時にとんでもない誤差が生じることがある．そのようなとき，数値計算法に関する一定の基礎知識を持っているのといないのとでは，対処法にしばしば大きな差が生じ得る．

　本書は，数値計算で生じる誤差とその精度について，その概要を解説したものである．この分野の教科書や参考書は数多くあるが，あるものは理論が主で数値例はわずかなため実用性に乏しかったり，またあるものは数値例はあっても必要なデータが不足していて追試が困難だったり，数値計算法の原理や基礎となるアイデアの説明に欠ける点で満足できなかったりする．このような視点から，本書は特に実務家であって数値計算法の原理やその誤差，精度に関心のある方にも読みやすいことを目指している．また，本書はわかりやすいところから読めばよいし，ところにより適当に飛ばし読みしていただいて一向にかまわない．

　本書の第6章までは，基本的な数値計算法の概要を述べた．その際に数学的な証明の多くは省略したが，その代わり，計算法を構成する際に用いたアイデアや原理などはできるだけ示すように心掛けた．また，簡単な計算例に相当の紙面を割き，適宜グラフィックスと数値をあわせ用いた．前者は誤差の全体的挙動を視覚的に見るのに便利であり，後者は計算結果がどの程度の誤差を持っているのかを理解し，また，用いる数値計算ソフトウェアの信頼性をより微細に確認するのに必要と考えたからである．なお，選んだ数値例は必ずしも典型的なものではないが，少なくともプログラムの検証には役立つだろう．

　残りの第7章から第9章では，やや実用に近い数値計算法の話題について述

べたが，そこでは第6章までの基本的数値計算法が活躍している．まず，第7章では差分法と有限要素法の初歩を解説した．続く第8章では，有限要素法でのいくつかの話題について紹介したが，それらには一部の方々には周知の事実でも，文献で探そうとすると案外見つからないものを含んでいる．適切に取捨選択して読んでいただければ幸いである．最後の第9章では，歴史的に重要なだけでなく，いまなお現役である2次元弾性体の線形問題に対する三角形1次有限要素法について入門的解説をした．その際に，弾性体の力学の基礎となる原理や方程式もかなり詳しく述べた．近年の有限要素法の解説書では，この部分がブラックボックスとして扱われていることも多いからである．

　本書における数値例は，主にFortranとScilabを利用して求めた．その際に必要となるもとの問題は，正解が具体的に表示できるものになるように配慮し，追試がしやすいように心掛けた．実数計算には基本的にはFortranでは倍精度を，Scilabではほぼこれに相当する標準的精度を用いたが，特に誤差挙動を精密に見たいときにはFortranの4倍精度を使用した．数値計算の規模が巨大になった現在，4倍精度による計算も次第に日常的なものになりつつある．

　本書で扱った事項は新しいものは多くはないが，一冊の成書としてまとめらると，それなりの価値は生ずると思う．また，有限要素法の誤差評価式に時に現れる対数因子を数値的に確認できたことは，一つの成果であった．

　なお，本書の性格から，参考文献は最小限にとどめ，論文や洋書はほとんど挙げなかった．また，著者と東京大学の齊藤宣一教授との共著『数値解析の原理：現象の解析をめざして』をやや優先的に引用したが，さらに詳しい知識，特に理論面の事項に興味がある方は，そこに挙げた文献などを参照されたい．

　本書の企画が持ち上がってから長い年月が経ち，執筆をお勧めいただいた東京大学の奥田洋司教授や丸善出版の企画・編集部の方々には大変にご迷惑をかけた．また，株式会社くいんと会長の石井惠三博士には，本書の原稿を丁寧に読みコメントをいただき，感謝の念に絶えない．最後に，本書が数値計算の実務に携わる方々のお役に少しでも立つことを願う次第である．

2022年夏　　　　　　　　　　　　　　　　　　　　　　　　著者記す

目　次

本書に現れるアルファベット人名の日本語での読み方の例

Bathe	バーテ	Bernoulli	ベルヌーイ
Brenner	ブレナー	Cauchy	コーシー
Cheung	チューン	Cholesky	コレスキー
Clough	クラッフ	Courant	クーラント
Crank	クランク	Davis	デイヴィス
Euler	オイラー	Fourier	フーリエ
Friedrichs	フリードリックス	Galerkin	ガレルキン
Gauss	ガウス	Givens	ギヴンス
Green	グリーン	Hermite	エルミート
Heun	ホイン	Householder	ハウスホルダー
Hooke	フック	Isaacson	アイザックソン
Jacobi	ヤコビ	Keller	ケラー
Krylov	クリロフ	Kutta	クッタ
Lagrange	ラグランジュ	Laplace	ラプラス
Lewy	レヴィ	Martin	マーティン
Navier	ナヴィエ	Newmark	ニューマーク
Newton	ニュートン	Nicolson	ニコルソン
Poisson	ポアソン	Rabinowitz	ラビノヴィッツ
Rayleigh	レイリー	Runge	ルンゲ
Schrödinger	シュレディンガー	Schwarz	シュヴァルツ
Scott	スコット	Seidel	ザイデル
Simpson	シンプソン	Stokes	ストークス
Taylor	テイラー（2名）	Timoshenko	ティモシェンコ
Topp	トップ	Young	ヤング
Zhu	ズー	Zienkiewiz	ツィエンキーヴィッツ

第1章 数の表現と計算機誤差

数値計算では様々な誤差が生じる．本来の現象を数理モデルで記述することによる誤差，数理モデルを離散化し近似することによる誤差などもあるが，ここでは計算機（コンピューター）での計算過程で生じる誤差について概説する．

1.1 数 の 表 現

我々が計算で扱いたい数には，最も基本的な整数，整数の比（分数）で表される有理数，有理数で表せない無理数（有理数の列の極限としては表せる），これら全体の実数，さらに複素数がある．このうち，整数は絶対値が大きくなければ，計算機上でも厳密に表せるし，有理数は対応する分数表示での分母と分子を表す2整数の対として扱える．しかし，無理数を含む一般の実数は，計算機で扱える記憶場所が有限である以上，表現しきれず，小数部分を含む適当な有限桁の数で近似的に表さざるをえない．なお，複素数は原理的には2つの実数の組（実部と虚部）で表されるので，以下では計算機における実数の近似的表現の概要を示す [1–5].

計算機では，数は有限桁の p 進数で表される（p 進法，p は2以上の自然数）．我々が日常で主に使うのは十進法（$p = 10$，10進でなく十進と書くのは，10は2の2進法表現ともとれるため）であるが，計算機では $p = 2$ の2進法やそれをもとにした $p = 2^4 = 16$ の16進法が主に用いられる．

0以外の一般の実数は（普通は近似的に）次のように表される（p 進 t 桁の有限桁の実数に対する**浮動小数点表示**．0. の0は省略することも多い）．

$$\pm 0.d_1 d_2 \cdots d_t \times p^q; \quad d_1 \neq 0 \tag{1.1}$$

$\pm$ は符号を表し，少数点以下の $d_1 d_2 \cdots d_t$ の部分を**仮数部**，p^q を**指数部**と呼ぶ．実際には $p = 2$ では $d_1 = 1$ と固定するなど様々な工夫をした表現法が採用されている [2]．計算途中でえられる数値の絶対値が大きすぎたり小さすぎたりして，上記の形では表示できなくなった場合，前者を**オーバーフロー**，後者を**アンダーフロー**と呼ぶ．計算中にオーバーフローが生じたときは，通常はその旨を表示し計算を停止するが，アンダーフローの場合は 0 と見なして計算を続けることもある．

単精度実数型と呼ばれる実数の表示の場合，記憶場所に 1 実数あたり全体で4 バイト（= 32 ビット，1 バイトは 8 ビット，1 ビットは 0, 1 あるいは真，偽に相当する 2 進法の 1 桁）を用いるが，十進に換算すると，指数部は 10^{-38} から10^{38} 程度，仮数部は 7 桁程度である．また，**倍精度**（2 倍精度，2 倍長）**実数型**と呼ばれる実数の表現では，1 実数あたり全体で 8 バイト（= 64 ビット）を用い，十進換算で指数部は 10^{-308} から 10^{308} 程度，仮数部は 15 桁程度である．さらには多くの場合，16 バイトを使用する **4 倍精度**（4 倍長）**実数型**も利用できる．

なお，整数を実数と区別して表示する場合は，4 バイトを記憶場所に用いたとすると，符号の 1 ビットを除いた残り 31 ビットすべてを 2 進数表示の各桁に使って，絶対値で $2^{31} - 1 = 2147483647$ まで表示できる．これでは，階乗の正確な計算などでは桁がすぐに不足するが（後述），目的によってはこの程度で十分な場合も多い．整数型でも 2 倍長が使用できる場合は，桁数は約 2 倍になる．

1.2 計 算 機 誤 差

前節で述べたように，無限桁の実数はもちろん，有限桁でも桁が多ければ表現しきれない．数として記憶する段階で有限桁に収めることにより**丸め誤差**が生じ，その後の計算でも誤差が生じる．特に，値の近い 2 数の引き算では**桁落ち**が，指数部に大きな差のある 2 数間の和や差では**情報落ち**が生ずる．

たとえば単精度で $a = 1.000123$, $b = 1.000000$ に対して $a-b$ を計算機で求めると，$a - b = 1.23 \times 10^{-4}$ に近い結果をえるが，もとの a や b の有効桁数が約 7 なのに対し，$a-b$ のそれは約 3 桁にすぎない．また，$a = 1.000000$, $b = 1.0 \times 10^{-9}$ に対し $a+b$ を求めても，計算機上では $a+b = 1.000000$ としか表現できず，b 自体は記憶できていても，その影響はまったく $a + b$ の計算結果に反映されない．

数値計算では精度の保証のために十分な桁数が要求されるので，倍精度の使用

は普通であり，4倍精度の実数型が必要なことも多い．さらに，任意桁数の実数型が利用できるソフトウェアも存在する．また，無限桁の計算ができれば等価な式であっても，実際の数値計算ではかなり異なる数値がえられる場合も少なくない．実現は困難なことも多いが，可能な限り計算式の形に工夫を加えることが望ましい．なお，丸め誤差や桁落ち，情報落ちなどは同時あるいは連続的に生ずる場合も多く，本書では**計算機誤差**（桁足らず）と総称しておく．

　さらに，多くの計算システムでは初等関数などが利用できるが，その計算には通常は近似式や反復計算が用いられるので，仮に実数計算が数学的に厳密に実行されても誤差が生じる．この種の誤差を**打ち切り誤差**という．優良な計算システムでは，利用できる桁数の範囲でほぼ厳密な値（最後の桁が異なる程度）を与えることが多いが，状況によってはこの種の誤差も無視できない．

　このように数値計算では計算機誤差の混入が不可避なので，実際の計算にあたっては，厳密値やそれに近い値が知られている場合について試験計算をし，実用上十分な精度がえられているかを確認する必要があり，精度が不十分ならば計算法を工夫したり桁数を増やすなど対策を講じなければならない．

　本書の数値例では，主に倍精度計算の結果を用いるが，表示では適当に桁数を減らす．比較のため，時には単精度や4倍精度の計算結果も示すことがある．

1.3　数 値 例

例 1.1　電卓やコンピューターなどの計算機器や計算ソフトウェアなど，利用可能な計算環境下で，自然数 n の階乗 $n!$ とその逆数 $1/n!$ を計算し，どの位の n までなら計算が実行できるか調べてみよ．$n!$ の計算は，$1! = 1$ に順に $2, 3, \ldots,$ n をかければよい．$1/n!$ の方は，1 を順に $2, 3, \ldots$ で割って計算してみよ．

　ある十進 12 桁の電卓で階乗を計算すると，$14! = 87178291200$ までは正しく求められたが，$15! = 1307674368000$ は 12 桁で納まらなくなり，エラー表示が出た．電卓によっては，全桁を正しく求められる間はそのまま表示し，そうでなくなると近似値を仮数部と指数部を用いて表示するものもあるが，n がさらに大きくなれば，やがて近似値も求められなくなる．

　同じ電卓を用いて $1/n!$ を計算すると，$n = 2, 3, 4$ では $0.5, 0.16666666666,$ 0.04166666666 のように小数で表示された．計算を続けていくと，$n = 13, 14$ では $0.00000000016, 0.00000000001$ となり，$n = 15$ では 0 と表示された．1 の位

も含めて 12 桁だから当然であろう.

　4 バイトの整数型と単精度実数型がともに利用可能なある計算機環境下でプログラムを作成し同じ計算をすると, 整数型で階乗を求めた場合は, $12! = 479001600$ までは正しく求められたが, それ以上は誤った結果が出力された. 整数型で表示できる範囲外になったためであろう.

　次に単精度実数型で階乗を計算すると, 結果は仮数部と指数部を用いて表示されるが, n が小さい場合を除き誤差を伴う. $34!$ までは求められ, 2.9523282×10^{38} と出力されたが, より正しくは 2.9523280×10^{38} である. その後はオーバーフローが生じ計算できなかった.

　また, $1/n!$ の方は, $1/35!$ が $9.6776475 \times 10^{-41}$ と出力されたが, より正しくは $9.6775930 \times 10^{-41}$ である. その後はアンダーフローが生じた.

　なお, プログラムを作成しコンピューターで計算する場合, 使用する機種やプログラミング言語によっても数の取り扱い方や結果に差がある. 先の結果は一例にすぎない. また, 倍精度にすれば, より大きな n まで計算でき, 同じ n なら誤差も小さくなるが, さらに大きな n に対しては計算不能になる.

例 1.2　利用可能な計算環境下で, x を小さな正の数とし, $(1+x)^2 - (1-x)^2$ および数学的には同等な $4x$ のそれぞれを式のとおりに計算し, 結果を比較せよ. 具体的な x としては, $x = 10^{-n}$ (n は自然数) と選べ.

　ある計算環境下で単精度実数型計算により, 表 1.1 の結果をえた. 表中の $e \pm m$ は $\times 10^{\pm m}$ を意味する. n の増加につれ差は増大し, $n = 8$ では x の影響が第 1 式の結果にまったく反映されないが, 値自体が小さいという意味では間違いともいえない. 第 2 式による結果は, 表示桁の範囲では厳密値と一致している. このように数学的には同等な式を用いても, 有限桁しか利用できない実際の計算では, 有意な差が生じえる. この計算では, x を十進数から 2 進数に変換する際の丸め誤差, $1 \pm x$ とそれに続く $(1 \pm x)^2$ の計算での情報落ち, それらの差をとる段階での桁落ち, 最後に 2 進数を十進数で表示する際の誤差などが考えられる. 類似の現象は, $\sqrt{1+x} - \sqrt{1-x} = 2x/(\sqrt{1+x} + \sqrt{1-x})$ などでも生じる.

　表 1.2 の倍精度実数型計算による結果では, n が小さいうちは差は大幅に縮まるが, より大きい n では先と同様な現象が見られる. 4 倍精度を用いた計算結果は省略するが, 誤差自体は減少しても, 本質的に同様の現象を観察できる.

例 1.3　自然対数の底 e に対して, $e = \lim_{n \to \infty} (1 + 1/n)^n = 2.718281828 \cdots$ が

表 1.1 $(1+x)^2 - (1-x)^2$ および $4x$ の計算結果（単精度）

x	$(1+x)^2 - (1-x)^2$：単精度	$4x$：単精度
10^{-1}	$4.000001e{-}1$	$4.000000e{-}1$
10^{-2}	$3.999996e{-}2$	$4.000000e{-}2$
10^{-3}	$4.000068e{-}3$	$4.000000e{-}3$
10^{-4}	$4.000664e{-}4$	$4.000000e{-}4$
10^{-5}	$4.005432e{-}5$	$4.000000e{-}5$
10^{-6}	$3.933907e{-}6$	$4.000000e{-}6$
10^{-7}	$4.768372e{-}7$	$4.000000e{-}7$
10^{-8}	$0.000000e{+}0$	$4.000000e{-}8$

表 1.2 $(1+x)^2 - (1-x)^2$ および $4x$ の計算結果（倍精度）

x	$(1+x)^2 - (1-x)^2$：倍精度	$4x$：倍精度
10^{-5}	$4.0000000000e{-}5$	$4.0000000000e{-}5$
10^{-7}	$4.0000000001e{-}7$	$4.0000000000e{-}7$
10^{-9}	$4.0000001089e{-}9$	$4.0000000000e{-}9$
10^{-11}	$4.0000003310e{-}11$	$4.0000000000e{-}11$
10^{-13}	$3.9990233347e{-}13$	$4.0000000000e{-}13$
10^{-15}	$4.2188474936e{-}15$	$4.0000000000e{-}15$
10^{-16}	$2.2204460493e{-}16$	$4.0000000000e{-}16$
10^{-17}	$0.0000000000e{+}0$	$4.0000000000e{-}17$

成り立つ．単精度計算と倍精度計算を用い，いくつかの n に対して，$1 + 1/n$ を順次 n 個かけ合わせた結果を求め比較してみよ．

このような 1 に近い数を多数回かけ合わせる計算は様々な所で必要になるが，情報落ちなどの計算機誤差が混入しやすい．なお，この数列の計算での誤差については，文献 [6] の中の「ミニ電卓の完全犯罪」に興味深い考察がある．

単精度と倍精度（さらに 4 倍精度）が使用できる，ある計算環境でえられた数値例を表 1.3 に挙げておく．

$n = 10^9, 10^{10}$ の場合，倍精度計算では真の e より大きい値をえたが，4 倍精度計算では $2.718281827\cdots$ と，小さめになっている．数学的には，$(1 + 1/n)^n$ は e より小で，n に関する単調増加数列なので [7]，この現象は計算機誤差に起因するといえる．その他の場合は，4 倍精度計算による結果は，十進 8 桁表示では倍精度計算によるものと一致した．したがって，$n = 10^9, 10^{10}$ を除き，倍精度計

表 **1.3**　$(1 + 1/n)^n$ の計算結果（単精度と倍精度）

n	単精度計算	倍精度計算	n	単精度計算	倍精度計算
10	2.5937428	2.5937425	10^2	2.7048109	2.7048138
10^3	2.7170494	2.7169239	10^4	2.7185957	2.7181459
10^5	2.7219107	2.7182682	10^6	2.5898523	2.7182805
10^7	2.8841858	2.7182817	10^8	1.0000000	2.7182818
10^9	1.0000000	2.7182821	10^{10}	1.0000000	2.7182821

算による結果は真の値と表示桁の範囲で一致していると思われる．

　$n = 10^8,\ 10^9,\ 10^{10}$ で単精度計算による結果が 1.0000000 になっているのは，$1 + 1/n$ が 1 と見なされる情報落ちによると考えられる．一般に，多数の 1 に近い数の積を十分な桁数をとらずに計算すると，計算機誤差は大きくなりやすい．

1.4　誤差の確認法と対処法について

　以上，計算機で数値計算をする際の誤差について，概要と数値例を見てきた．ここで述べたのは，計算機誤差のごく基礎的な話だが，実際の数値計算では，問題や解法により実に多様な誤差が生じる．その際に，そもそも誤差がどの程度なのか，それを減らすにはどう対処するかが大きな問題となる．

　誤差がどの程度かを見る最も基本的な方法は，厳密な解（答え）がわかっている問題について数値計算をし，誤差を測定することである．解がわかっていない場合は，別の精度のよさそうな数値解と比較したり，時には数学的理論に基づいて誤差を推定できることもある．しかし，複雑な問題になると，これらのことを文字どおり実行することは難しいし，実験結果や経験との照合も重要である．また，規模が小さい問題では十分な精度がえられても，時代の要請などにより規模が拡大すると誤差は大きくなりがちなので，定期的な精度確認も必要である．そして誤差がある程度大きいと判明した際には，計算法に応じ精度を上げる工夫をすべきである．その具体例は次章以降で見るが，計算法の改良や数値の桁数の増加などが必要になる．領域をメッシュに分割するような解法では，分割を細かくすることも要求される．

　一般に自作のソフトで数値計算をする場合は，プログラムを修正・改良して誤差を減らすなどの対処法があるが，既存のソフトを利用する場合は，ブラック

ボックスの場合も多く，修正は難しい．誤差の具体的データを蓄積し，開発者に改良を依頼することは，サポート体制のよいソフトなら可能である．ただ，利用者の提出するデータの質も重要である．ある程度，多様なケースで計算し，問題点を整理し絞る必要がある．

また，プログラムの修正が難しい場合は，複数のプログラムで同じ問題を解き，どの程度の差が見られるかも判断材料になる．これは，間接的ではあるが，プログラムの質を比較し測っていることになる．ただし，プログラムの優劣の判断は，ある程度信頼できる比較データがないと難しい．

以上は具体性を伴わない観念的な抽象論ではあるが，このようなことを意識しておくことは，いざ実際の計算過程で困難に遭遇したときに，対処法を模索する際の示唆を与えるという意味で重要である．次章以降で，より具体的な誤差の挙動や数理的性質の一端に触れることになろう．

なお，本書で扱う誤差は，あくまでも数値計算での誤差で，実際の現象との差異そのものは扱わない．採用した数理モデル（数学モデル）を数値計算で解く際に生じる誤差を対象とするのであり，連立 1 次方程式や非線形方程式を数値的に解くことに始まり，微分方程式を近似解法で解くなど，やや複雑な計算過程で生じる誤差までを扱う．実現象との差異は，数理モデル自体の誤差と数値計算の誤差をあわせたものと考えるのが自然であろう．

参 考 文 献

[1] 菊地文雄，齊藤宣一，『数値解析の原理　現象の解明を目指して』，岩波書店，2016.

[2] 一松信，『新数学講座 13　数値解析』，朝倉書店，1982.

[3] 金子晃，『数値計算講義』，サイエンス社，2009.

[4] 加古孝，『数値計算』，コロナ社，2009.

[5] 齊藤宣一，『数値解析』，共立出版，2017.

[6] 高橋秀俊，『数理の散策』，日本評論社，1974.

[7] 笠原皓司，『微分積分学』，サイエンス社，1974.

第2章　反 復 法

　本章では，方程式の解を求める手法の基本と誤差について説明する．特別な方程式では解の公式が利用できるが，一般には反復計算が必要となる．このような反復は原理的に有限回で終了しないことが多いが，現実には有限回で打ち切るしかなく，必然的に誤差が生じる．したがって，できるだけ効率のよい**反復法**と計算打ち切り法のみならず，予想される誤差の評価法などの開発と選択も望まれる．ここでは，基本的で適用範囲も広い **Newton 法** の原理を述べる．なお，反復法は次章で述べるように連立1次方程式の解法にも用いられる．

2.1　Newton 法

　未知数 x が実数の方程式の多くは，式を整理すれば，区間 I 上の1変数 x の実連続関数 $f(x)$ を用いて $f(x) = 0$ と表せる．解 x は $y = f(x)$ の値が0になる x の値にほかならない．

　f が複雑だと，前記の方程式を厳密に解くことは困難だが，I に属する複数の x で関数値 $f(x)$ を求め，ある x で $f(x)$ が0に近ければ，その x は解に近いと期待でき，解の近似として利用できよう．近似解の精度を組織的に上げるには，たとえば**バイセクション法（二分法）**が利用できる [1, 2]．すなわち，$f(x_1) < 0, f(x_2) > 0$ となる2つの近似解 x_1, x_2 が求まれば，x_1, x_2 を両端とする開区間内に解が1つは存在するので（中間値の定理 [3]），中点 $x_3 = (x_1 + x_2)/2$ などの内分点で $f(x_3)$ を計算し，その符号に応じて x_1 または x_2 を x_3 で更新し存在区間を狭め，必要ならこの手順を反復する．ただし，解以外で $f(x)$ の符号が一定の場合はこの方法は無力だし，未知数が複数の連立方程式への拡張は難しい．

例 2.1 $x^2 = 2$ の最小の正の解を，バイセクション法で求めよう．素直に $f(x)$ $= x^2 - 2$ とすれば，該当する解は $x = \sqrt{2} = 1.41421356\cdots$ だけで，たとえば $x_1 = 1,\ x_2 = 2$ と選べば，$f(x_1) < 0,\ f(x_2) > 0$ である．$x_3 = (1+2)/2 = 1.5 = x_3^{(0)}$ に対し $f(x_3) = 1.5^2 - 2 = 0.25 > 0$ なので，x_2 を $x_3 = 1.5$ で置き換え，x_1 はそのままで計算を繰り返す．$f(x_3) < 0$ の場合は，x_1 の方を x_3 で置き換える．

上記 $x_3^{(0)}$ の次の x_3 は $x_3^{(1)} = 1.25$ で，以下，$x_3^{(2)} = 1.375,\ x_3^{(3)} = 1.4375, \ldots,$ $x_3^{(10)} \fallingdotseq 1.4145508,\ x_3^{(20)} \fallingdotseq 1.4142137$ と，解 $\sqrt{2}$ に近づく．また，$x_3^{(k)}$ ($k = 0, 1,$ $2, \ldots$) を含む小区間の幅は $1/2^k$ と順次半減する（1 次収束，2.4.1 項）．

このように，一般の方程式を解くには通常は反復計算が必要だが，手順が**漸化 式**で表せると，同じ型の計算の繰り返しとなり扱いやすい．漸化式の例は無数 に存在するが，一つに定める原理があれば便利である．**Newton**（ニュートン） **法**は $f(x)$ が微分可能で導関数 $Df(x)$ がある程度の連続性を持つ場合に有効で，特に近似解 x^* が解 x に近い場合は収束が速い．

Newton 法を発見的に導くため，f は解 x を含むある区間 I で微分可能で，近 似解 x^* もその区間内に含まれるとする．微分の基本的性質から，

$$\frac{f(x) - f(x^*)}{x - x^*} \fallingdotseq Df(x^*) \quad (Df \text{ は } f \text{ の導関数}) \tag{2.1}$$

よって $f(x) = 0$ を用い，$Df(x^*) \neq 0$ と仮定すれば次の近似関係式をえる．

$$x \fallingdotseq x^* - Df(x^*)^{-1} f(x^*) \tag{2.2}$$

右辺で定義される近似が f や Df のために設定した区間に入れば新たな近似が えられたことになる．ただし，x とは別の解に近づいたり，発散（無限遠への発 散，振動，不規則挙動など）する場合もあり，その大域的挙動は複雑である．

Newton 法は右辺で定義される数を x の新たな近似 x^* として，十分な精度が えられるまで反復する方法であり，次のように計算を進めればよい．

1) 出発近似 $x^{(0)} \in I$ を何らかの方法で 1 つ与える．$Df(x) \neq 0$ を満たす以外 は任意の $x \in I$ に対し，次の関数 g を定義する．

$$g(x) = x - Df(x)^{-1} f(x) \tag{2.3}$$

2) $k = 1, 2, \ldots$ の順に，$x^{(k)} = g(x^{(k-1)})$ で近似解の列 $\{x^{(k)}\}_{k=1}^{\infty}$ を定める．た だし，ある k で $x^{(k)} \notin I$ または $Df(x^{(k-1)}) \fallingdotseq 0$ なら，反復は破綻する．

実際の計算は有限回で停止する必要がある（2.4.3 項）．また，$Df(x)^{-1}$ の計算が面倒な場合，$g(x)$ に次の $g^*(x)$ を用いる方法を**簡易 Newton 法**と呼ぶ．

$$g^*(x) = x - Df(x^{(0)})^{-1}f(x) \qquad (2.4)$$

注意 2.1　f が微分可能ならば f は連続である [3]．また，Df には何らかの連続性を通常は仮定する．このとき，式 (2.1) で x^* が x に十分に近く，$Df(x) \neq 0$ ならば，$Df(x^*)$ も 0 ではない．

2.2　連立方程式の場合

Newton 法は $\boldsymbol{x} = [x_1, x_2]^T$（実の列ベクトル．^{T} は転置記号）に関する次の連立方程式にも利用できる．

$$f_1(x_1, x_2) = 0, \; f_2(x_1, x_2) = 0; \quad \text{あるいは} \quad \boldsymbol{f}(\boldsymbol{x}) := \begin{pmatrix} f_1(\boldsymbol{x}) \\ f_2(\boldsymbol{x}) \end{pmatrix} = \boldsymbol{0} \qquad (2.5)$$

ここで，f_1, f_2 はともに x_1, x_2 に関する連続な 2 変数実数値関数で，x_1, x_2 の双方について 1 回偏微分可能で 1 階偏導関数は連続とする．また，$Df(x)$ に相当するのは次の Jacobi（ヤコビ）行列 $D\boldsymbol{f}$ である [3]．

$$D\boldsymbol{f}(\boldsymbol{x}) = \begin{bmatrix} \dfrac{\partial f_1}{\partial x_1}(\boldsymbol{x}) & \dfrac{\partial f_1}{\partial x_2}(\boldsymbol{x}) \\ \dfrac{\partial f_2}{\partial x_1}(\boldsymbol{x}) & \dfrac{\partial f_2}{\partial x_2}(\boldsymbol{x}) \end{bmatrix} \qquad (2.6)$$

以上の記法を用いれば，$\boldsymbol{x}$ を解，$\boldsymbol{x}^*$ を近似解として式 (2.1) に類似した次式をえる．

$$\boldsymbol{f}(\boldsymbol{x}) = \boldsymbol{0} \doteqdot \boldsymbol{f}(\boldsymbol{x}^*) + D\boldsymbol{f}(\boldsymbol{x}^*)(\boldsymbol{x} - \boldsymbol{x}^*) \qquad (2.7)$$

もし行列 $D\boldsymbol{f}(\boldsymbol{x}^*)$ が正則ならば，$\boldsymbol{x}$ の新しい近似が次のように求められる．

$$\boldsymbol{x} \doteqdot \boldsymbol{x}^* - D\boldsymbol{f}(\boldsymbol{x}^*)^{-1}\boldsymbol{f}(\boldsymbol{x}^*) \quad (D\boldsymbol{f}(\boldsymbol{x}^*)^{-1} \text{ は } D\boldsymbol{f}(\boldsymbol{x}^*) \text{ の逆行列}) \qquad (2.8)$$

また，$g(x)$ に相当する関数は $D\boldsymbol{f}(\boldsymbol{x})^{-1}$ が存在する $\boldsymbol{x}$ で次のようになる．

$$\boldsymbol{g}(\boldsymbol{x}) = \boldsymbol{x} - D\boldsymbol{f}(\boldsymbol{x})^{-1}\boldsymbol{f}(\boldsymbol{x}) \qquad (2.9)$$

あとは前節にならって容易に反復法を構成できる. なお, $Df(x)^{-1}f(x)$ の部分は, 連立 1 次方程式 $Df(x)y = f(x)$ を y について解けばよい.

　Newton 法は導関数の計算という手間はあるが, 曲線や曲面を接線や接平面で近似しており [1–4], もとの方程式に近い 1 次方程式を解いているため, 求めたい解に近似解が近く, 解の近くで接線や接平面が水平に近くなければ, 収束が速い. このような条件が満たされない場合, 収束は理論的には保証されないが, 実際に用いると収束することも多い. なお, 未知数と方程式の数 n が 3 以上の場合も, ベクトルと行列を利用すれば, Newton 法は同様に定義でき, 特に Df は n 次正方行列になり, その i 行 j 列成分は $\partial f_i/\partial x_j$ で与えられる.

2.3 パラメーター依存問題に対する簡易 Newton 法

　Newton 法は, λ をパラメーターとして $f(x, \lambda) = 0$ の形の方程式にも適用できる. その場合, 工夫して x と λ に関する連立方程式として解くことも可能だが, しばしば λ を少しずつ変えながら対応する x (1 つとは限らない) を求めることがあり (**増分法**), その際, 簡易 Newton 法はしばしば有効である.

　具体的には $f(x, \lambda) = 0$ で x, λ まで求められたとき, λ を微少量 $\Delta\lambda$ だけ変化させ, そこでの解 $x + \Delta x$ を求めたいとする. $\lambda + \Delta\lambda$ は固定されているので, Δx が小さそうなら次式が期待できる (f_x は x に関する偏微分).

$$f(x + \Delta x, \lambda + \Delta\lambda) = 0 \fallingdotseq f(x, \lambda + \Delta\lambda) + f_x(x, \lambda + \Delta\lambda)\Delta x \tag{2.10}$$

ここで, 簡易版では f_x の部分は反復中に更新しない. 収束が思わしくなければ, 反復途中で本来の Newton 法に切り替え, 右辺の x すべてに $x + \Delta x$ の近似を代入し計算を続行する. ただし, $f_x \fallingdotseq 0$ の場合は工夫がいる.

2.4 反復法の収束

　反復法が構成できても, 近似解の列 $\{x^{(k)}\}_{k=0}^{\infty}$ がある解 x_0 (1 つとは限らない) に収束するかは状況による. 以下, 単独方程式の場合の収束について述べるが, 連立の場合は絶対値を後述のノルムで置き換えて議論する.

2.4.1　収　束　挙　動

先に与えた $g(x)$ よりも一般の形で反復法の収束を議論しよう. $g(x)$ をある区間で定義された関数とし, $x^{(0)}$ を与えるとえられる数列 $\{x^{(k)} = g(x^{(k-1)})\}_{k=1}^{\infty}$ の解 $x_0 = g(x_0)$ への収束を表す $\lim\limits_{k \to \infty} x^{(k)} = x_0$ は, 次のようにも書ける.

$$k \to \infty \text{ のとき } |x^{(k)} - x_0| \to 0 \tag{2.11}$$

これは大ざっぱな表現で, 実際の収束挙動は多様である. 比較的よく観測される例として, ある程度 k が大きくなった段階で次のものがある [4, 5].

$$|x^{(k+1)} - x_0| \lesssim C|x^{(k)} - x_0|^m \tag{2.12}$$

ここで C は正定数, m も正定数でしばしば整数になる. 代表的な $m = 1$ の場合を例にとると, $C < 1$ でないと収束の観点からは意味がないが, これが満たされれば誤差は等比数列的（公比 C）に減少していき, **1 次収束**と呼ばれる. $m > 1$ の場合は, 誤差が十分に小さい段階の k で上式が成立していれば C は 1 より大きくてもよく, 比較的速い収束が保証され, **m 次収束**と呼ぶ.

2.4.2　縮小写像と簡易 Newton 法の収束

ここで $x = g(x)$ に基づく反復法が解 x に収束するための十分条件を与えるため, 縮小写像の概念を導入する. "長さが 0 でない閉区間 I で定義された関数 $g = g(x)$ が I で**縮小写像**であるとは, 次の 2 条件を満たすことである [2, 4]".

(C1) 任意の $x \in I$ に対して $g(x) \in I$ が成立（$x \in I$ は x が I の元（点）であることを表す. 以下同様）.

(C2) 1 より小さい正定数 C が存在し, 任意の $x_1, x_2 \in I$ に対して次式が成立.

$$|g(x_1) - g(x_2)| \le C|x_1 - x_2| \tag{2.13}$$

反復法で用いる g が上記の 2 条件を満たすなら, $x^{(0)} \in I$ を任意に選んだとき, 反復法による数列 $\{x^{(k)}\}_{k=1}^{\infty}$ が定まり I で収束する. その極限 $x_0 \in I$ は $x = g(x)$ の解になり, I 内に他の解はない. その証明は文献 [1, 2, 4] などを参照されたいが, x_0 や反復による列 $\{x^{(k)}\}_{k=1}^{\infty}$ の存在を認めれば, 次のように 1 次収束

を示せる.

$$|x^{(k+1)} - x_0| = |g(x^{(k)}) - g(x_0)| \le C|x^{(k)} - x_0| \tag{2.14}$$

　実際の例では g が定義区間全体で縮小写像になるとは限らないが，ある解を含む適当な閉区間で縮小写像になることは結構あり，その場合は $x^{(0)}$ がその区間に入っていれば，解（の1つ）への収束が保証される.

　少し面倒だが，簡易 Newton 法が f や出発近似 $x^{(0)}$，解 x_0 に若干の仮定をした場合に，g が十分小さい閉区間 I で縮小写像になることを示そう[1].

　まず，x_0 は $f(x_0) = 0$ および $Df(x_0) \ne 0$ を満たし，$Df(x)$ は x_0 を中心とするある閉区間 I_0 全体で存在し，さらに正定数 c_0 が存在して任意の $x_1, x_2 \in I_0$ に対して $|Df(x_1) - Df(x_2)| \le c_0|x_1 - x_2|$ とする（よって $f, Df(x)$ は連続）. このことから，x_0 を中心とする閉区間 $I_1 \subset I_0$ として，ある正定数 c_1 に対し，任意の $x \in I_1$ で $|Df(x)^{-1}| \le c_1$ となるものがとれる. また，$x^{(0)} \in I_1$ とする.

　この場合，$g(x) = x - Df(x^{(0)})^{-1}f(x)$ であり，$x_1, x_2 \in I_1$ に対し，$g(x_1) - g(x_2) = x_1 - x_2 - Df(x^{(0)})^{-1}\big(f(x_1) - f(x_2)\big)$ が成立する. 平均値の定理 [3] により，x_1 と x_2 の間のある $x^* \in I_1$ に対して $f(x_1) - f(x_2) = Df(x^*)(x_1 - x_2)$ となるので，$x_1 - x_2 = Df(x^{(0)})^{-1}Df(x^{(0)})(x_1 - x_2)$ より $g(x_1) - g(x_2) = Df(x^{(0)})^{-1}\big(Df(x^{(0)}) - Df(x^*)\big)(x_1 - x_2)$ がえられる. この両辺の絶対値をとり，先にえられた不等式と三角不等式を用いれば，次式が従う.

$$|g(x_1) - g(x_2)| \le c_0 c_1 |x^{(0)} - x^*| \cdot |x_1 - x_2| \le c_0 c_1 (|x^{(0)} - x_0| + |x_0 - x^*|)|x_1 - x_2| \tag{2.15}$$

いま，閉区間 $I = [x_0 - \varepsilon, x_0 + \varepsilon] \subset I_1 \ (\varepsilon > 0)$ において，ε を $2c_0 c_1 \varepsilon < 1$ となるようにとり，前式で $C = 2c_0 c_1 \varepsilon$ とおけば条件 (C2) が成立する.

　条件 (C1) については，式 (2.15) で $x = x_1 \in I$，$x_2 = x_0$ に対して $|g(x) - g(x_0)| \le C|x - x_0| \le |x - x_0|$ となり，$g(x) \in I$ がわかる.

2.4.3　反復の停止と判定基準

　漸化式などを用いた反復計算は，たまたま有限回で解に到達する場合を除けば，理論上は無限回の反復が必要で，実際の計算法とするためには，反復の停止

---

[1] $I_0 \subset I_1$ などは，前者が後者の部分集合であることを表す. Newton 法自体の収束証明はさらに面倒だが，一定の条件下では 2 次収束する [2, 4].

法を定める必要がある．最も単純な方法は最大反復数の設定だが，収束の様子を考慮した反復停止基準の方が望ましい．近似解と厳密解の差が十分に小さいことが確認できるとよいが，通常は難しい．やむなく，1つ前の反復段階での近似解との絶対差や相対差が，ある設定値 $\varepsilon > 0$ より小になった時点で反復を停止することが多い．すなわち，

$$|x^{(k)} - x^{(k-1)}| < \varepsilon, \quad |x^{(k)} - x^{(k-1)}|/|x^{(k)}| < \varepsilon \tag{2.16}$$

後者の判定基準は，$\{x^{(k)}\}_{k=1}^{\infty}$ が 0 に収束するときは使用しがたい．連立方程式でベクトル量などを扱うときには，式 (2.15) の絶対値は適当なノルム（次節参照）で置き換える．また，直前の $x^{(k-1)}$ に加え，もっと以前の近似値との差も利用することがある．さらに，反復の様子を利用して近似値を改善する**加速法**もある [4].

　これらの方法は，収束が速い場合には，かなり信頼できるが，遅い場合には信頼度は低い．信頼度を増すため，方程式 $f(x) = 0$ の左辺に近似解を代入した残差量を次のような形で併用することも多い．

$$|f(x^{(k)})| < \varepsilon, \quad |f(x^{(k)})/f(x^{(0)})| < \varepsilon \tag{2.17}$$

f の値を用いる際，数値だけでなく $y = f(x)$ のグラフ（2 変数の場合は $u_1 = f_1(x_1, x_2)$, $u_2 = f_2(x_1, x_2)$ の等高線表示やカラーマップなど）も利用できる．方程式によっては残差量から誤差の上界が評価でき，**精度保証付き数値計算**として研究されている [6, 7].　一般には残差が小さくても近似解が厳密解に近いとは限らず，近似解が厳密解に近くても残差が大きいこともある [4, 8].

　実際の収束判定では，1つの判定基準だけではなく，複数の基準を併用する方が安全で，その際の ε の値は基準ごとに異なってよい．ただし具体的な ε の値の選択は結構難しく，一見，計算機で表現できる最小の正の数に近いものがよさそうだが，それでは反復回数が大きくなりすぎたり，反復挙動が周期的になったり不規則になったりして停止しにくいこともあり，経験も必要である．

2.5　ノ ル ム の 例

　ここで，ベクトルの大きさなどの評価に利用される，ノルムの具体例を与える．数の大きさを示すには通常は絶対値が用いられ，これは最も簡単なノルムの例である．しかしベクトルでは成分が複数なので，本来は1つの数だけでは大

きさを完全には表せないが，それでは不便なので，何らかの約束でそのような数を定める．その多くは**ノルム**と呼ばれるものになる [1, 2, 4]．なお，n 次元の実列ベクトルの集合を $\mathbb{R}^n$ と記しておくが，この記号は次に述べるユークリッド・ノルムを備えた線形空間の意味で用いることが多い．

ノルムの代表例は，幾何学的な矢印ベクトルの長さに相当する**ユークリッド・ノルム**で，矢印ベクトルのデカルト座標系での表示としての n 次元数ベクトル $\boldsymbol{x} = [x_1, x_2, \ldots, x_n]^T \in \mathbb{R}^n$ に対しては，

$$\|\boldsymbol{x}\| = \left(\sum_{k=1}^{n} x_k^2 \right)^{1/2} \quad (\|\cdot\| はノルムを表す標準的な記号) \tag{2.18}$$

と書くことができ，$n = 2, 3$ の場合はピタゴラスの定理に基づいた長さの式と一致する．

しかし，ベクトルのノルムとしては，$p \geq 1$ として次のものも可能である．

$$\|\boldsymbol{x}\|_p = \left(\sum_{k=1}^{n} |x_k|^p \right)^{1/p} \quad (1 \leq p < \infty), \qquad \|\boldsymbol{x}\|_\infty = \max_{1 \leq k \leq n} |x_k| \quad (p = \infty) \tag{2.19}$$

なお，式 (2.18) のノルム $\|\cdot\|$ と区別するため，下付きの p, ∞ を用いた（先のノルムは $\|\cdot\|_2$ により区別される）．また，$\max_{1 \leq k \leq n}$ は，後に続く n 個の数の中の最大値を表す．$1 \leq p < \infty$ の式で $\boldsymbol{x}$ を固定して $p \to \infty$ とすると，$\|\boldsymbol{x}\|_\infty$ の定義式に収束する．$p = 2, \infty$ と $p = 1$ の $\|\boldsymbol{x}\|_1 = \sum_{k=1}^{n} |x_k|$ もよく用いられる．なお，式 (2.19) で $0 < p < 1$ と選ぶと，後述の三角不等式が成立しない．

このように，ノルムは無数のものが可能だが，一般に $\|\cdot\|$ がベクトルのノルムとなるための条件は，長さの共通的な性質を抽象化した次の 3 項目すべてを満たすことである（下記で，$\boldsymbol{x}$ などは実の n 次元列ベクトル，$\boldsymbol{0}$ は零ベクトルとし，ベクトルの実数倍やベクトルの和は通常の定義による）[1, 4]．

(N1) 任意の $\boldsymbol{x}$ に対し $\|\boldsymbol{x}\| \geq 0$ で，等号は $\boldsymbol{x} = \boldsymbol{0}$ の場合にのみ成立する．

(N2) 任意のベクトル $\boldsymbol{x}$ と実数 α に対し，$\boldsymbol{x}$ の α 倍 $\alpha\boldsymbol{x}$ は次式を満たす．

$$\|\alpha\boldsymbol{x}\| = |\alpha| \cdot \|\boldsymbol{x}\| \tag{2.20}$$

(N3) 任意のベクトル $\boldsymbol{x}, \boldsymbol{y}$ に対し，和 $\boldsymbol{x} + \boldsymbol{y}$ は次の**三角不等式**を満たす．

$$\|\boldsymbol{x} + \boldsymbol{y}\| \leq \|\boldsymbol{x}\| + \|\boldsymbol{y}\| \tag{2.21}$$

$p = 1, 2, \infty$ 以外の一般の p に対しては，(N3) の確認はやや面倒である．

　同じベクトルでもノルムの値は選んだノルムによって異なりえる．どのノルムを用いるかは，計算の容易さや目的による．たとえばノルム $\|\cdot\|_p$ を利用し，複数の試験科目についての試験の点数から総合成績（ノルム）を求めることを考えよう．成績は，各成分（各科目の点数）が 0 以上 100 以下で，次元が科目数という数ベクトルで表すものとする．$\|\cdot\|_1$ は総点評価に，$\|\cdot\|_\infty$ は一芸評価に相当し，$\|\cdot\|_2$ は点数の高い科目をやや多めに考慮する中間的評価法といえよう．目的次第とはいえ，どれを採用するかは難しい．なお，有限次元のベクトルについては，反復法の収束，発散自体はどのノルムを用いても結論は変わらない（ノルムの同等性 [4]）．また，次章では行列のノルムが導入，活用される．

2.6　Newton 法の適用例

例 2.2　方程式 $x^3 - 3x = 0$ の解を，Newton 法で近似的に求めよう．

　厳密解は $x = 0, \pm\sqrt{3} \fallingdotseq \pm 1.7320508\cdots$ だが，Newton 法で近似解を求める際の反復挙動を見よう．素直に $f(x) = x^3 - 3x$ とすれば，$Df(x) = 3x^2 - 3$ より $g(x) = x - (x^3 - 3x)/(3x^2 - 3) = 2x^3/\{3(x^2 - 1)\}$ $(x \neq \pm 1)$ となる．

　$|f(x^{(k)})| < 10^{-7}$ かつ $k \leq 100$ を判定基準とし，$x^{(0)}$ を正の範囲で 0.5, 1.0001, 1.5, 2, 10, 100 の 6 種類に選び，倍精度で反復計算をした．反復停止時の k の値（反復回数）と，そこでの $|f(x^{(k)})|$ を表 2.1 に示す．

　大まかにいえば，出発近似に近い解に収束しており，大きな出発値でも収束している．ただし，$Df(x) = 0$ となる $x = 1$ に近い $x^{(0)} = 1.0001$ では多数の反復が必要で，k を横軸，$x^{(k)}$ を縦軸とするグラフ（図 2.1）を見ると，一度は遠方に跳び，その後に解の一つである $\sqrt{3}$（グラフではほとんど 0）に収束している．

例 2.3　Newton 法を利用すれば，0 でない実数 a の逆数 $1/a$ を，除算を用いずに計算できる [9]．$f(x) = a - 1/x$ $(x \neq 0)$ と定義すると，$1/a$ は $f(x) = 0$ の唯

表 2.1　Newton 法による $\sqrt{3}$ の計算結果

$x^{(0)}$	k	$x^{(k)}$	$|f(x^{(k)})|$	$x^{(0)}$	k	$x^{(k)}$	$|f(x^{(k)})|$
0.5	3	$-5.292e{-}10$	$1.588e{-}9$	1.0001	24	1.7320508	$2.208e{-}10$
1.5	4	1.7320508	$6.951e{-}10$	2	4	1.7320508	$3.284e{-}11$
10	9	1.7320508	$3.038e{-}13$	100	14	1.7320508	$4.078e{-}8$

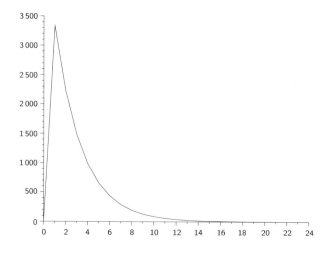

図 2.1 $x^{(0)} = 1.0001$ での Newton 法の反復回数 k（横軸）対 $x^{(k)}$（縦軸）のグラフ.

一の解である. $Df(x) = x^{-2}$ より，Newton 法での $g(x)$ は $x - (a - 1/x)/x^{-2} = x(2 - ax)$ となり，和，差と乗算のみですむ. ただし，$1/a$ への収束は $x^{(0)}$ 次第である. たとえば，$a = 3$ について $x^{(0)} = 0.1$ と選ぶと，6 回の反復で小数点以下 9 桁まで $1/3$ と一致したが，$x^{(0)} = 1$ では計算途中でオーバーフローした.

例 2.4 連立方程式 $f_1(x_1, x_2) := x_1^3 + x_2^3 - 1 = 0$, $f_2(x_1, x_2) := x_1^2 - x_1 x_2 + x_2^2 - 1 = 0$ に Newton 法を適用しよう. 厳密解は $\boldsymbol{x} = [1, 0]^T$, $[0, 1]^T$ である.

$\boldsymbol{f}(\boldsymbol{x}) = [x_1^3 + x_2^3 - 1, x_1^2 - x_1 x_2 + x_2^2 - 1]^T$ より，

$$
\begin{aligned}
D\boldsymbol{f}(\boldsymbol{x}) &= \begin{bmatrix} 3x_1^2 & 3x_2^2 \\ 2x_1 - x_2 & -x_1 + 2x_2 \end{bmatrix}, \\
D\boldsymbol{f}(\boldsymbol{x})^{-1} &= \frac{1}{|D\boldsymbol{f}(\boldsymbol{x})|} \begin{bmatrix} -x_1 + 2x_2 & -3x_2^2 \\ x_2 - 2x_1 & 3x_1^2 \end{bmatrix}
\end{aligned}
\tag{2.22}
$$

ただし，上記の第 2 式は行列式 $|D\boldsymbol{f}(\boldsymbol{x})| = -3(x_1 - x_2)(x_1^2 - x_1 x_2 + x_2^2)$ が 0 でないとき ($x_1 \neq x_2$) のみ有効である. 以上で Newton 法での $\boldsymbol{g}(\boldsymbol{x})$ を定義できる. $\boldsymbol{x}^{(0)}$ を変えて計算した結果を図 2.2 に示す. これらの例では，すべて 10 反復以内でいずれかの解に十分に収束した. 他方，$|D\boldsymbol{f}(\boldsymbol{x})|$ が 0 に近くなるよう $x_1^{(0)} \fallingdotseq x_2^{(0)}$ と選ぶと，反復挙動は複雑になり，収束してもかなり遠回りするこ

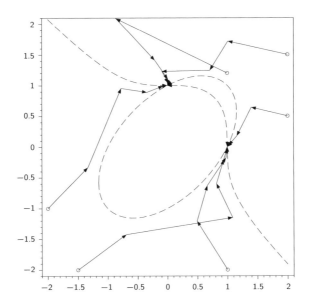

図 2.2 いくつかの出発近似 (○) に対する反復経路（実線）のグラフ（破線は $x_1^3 + x_2^3 - 1 = 0$ と $x_1^2 - x_1 x_2 + x_2^2 - 1 = 0$）.

とになる.

参　考　文　献

[1] 一松信，『新数学講座 13　数値解析』，朝倉書店，1982.

[2] 菊地文雄，齊藤宣一，『数値解析の原理　現象の解明を目指して』，岩波書店，2016.

[3] 笠原皓司，『微分積分学』，サイエンス社，1974.

[4] 山本哲朗，『数値解析入門 [増訂版]』，サイエンス社，2003.

[5] 伊理正夫，藤野和建，『数値計算の常識』，共立出版，1985.

[6] 中尾充宏，山本野人，『精度保証付き数値計算　コンピュータによる無限への挑戦』，日本評論社，1998.

[7] 大石進一，『精度保証付き数値計算』，コロナ社，2000.

[8] 二宮市三 編，『数値計算のつぼ』，共立出版，2004.

[9] 高橋健人，『差分方程式』，培風館，1961.

第3章 連立1次方程式

連立1次方程式は最も基本的な方程式であり，数値計算の様々な場面で必要になるが，その代表的数値解法として，Gauss（ガウス）の消去法とCG (conjugate gradient) 法を中心に概説する [1–4].

3.1 Gauss の消去法

Gauss の消去法は数学ソフトウェアで容易に利用できるので，原理のみ示す.

3.1.1 つるかめ算と Gauss の消去法の関係

いわゆるつるかめ算の問題を考えてみよう．つるの数 x，かめの数 y とし，その和は f，足の数の和は g とする．すなわち，

$$x + y = f, \quad 2x + 4y = g \tag{3.1}$$

問題の意味から，f は正の整数，g は正の偶数である.

この解き方の一例は，まず全部がつるだとして計算すると足の数の和は $2x = 2f$ となる．通常は $y \geq 1$ なので $2f < g$ であり，差 $g - 2f$ はかめとつるの足の数の差 $2y$ に等しく，よって $y = (g - 2f)/2$ となる．あとは，たとえば最初の方程式に y を代入して $x = f - (g - 2f)/2 = 2f - g/2$ が求められる.

以上で用いた原理をまとめると，方程式を何倍（0 は除く）かしてほかの方程式に足し（引い）て未知数を減らし，方程式を簡略化するというものである．その際，方程式の順番は変えてもいい．すなわち，移項などを除くと，

1) 0 でない数である方程式を乗じたり除したりしても解は変わらない,

2) ある方程式を別の方程式に足したり引いたりしても解は変わらない,

3) 方程式や未知数の順番を変えても解は変わらない.

　以上を一般化すると, 次の連立 1 次方程式になる.

$$a_{11}x_1 + a_{12}x_2 = f_1, \quad a_{21}x_1 + a_{22}x_2 = f_2 \tag{3.2}$$

先の原理を適用してこの方程式を解くには, たとえば次のようにすればよい. $a_{11} \neq 0$ として 1 番目の方程式を a_{21}/a_{11} 倍して 2 番目の方程式から引くと, 2 番目の方程式の x_1 の係数が消え, $(a_{22} - a_{12}a_{21}/a_{11})x_2 = f_2 - a_{21}f_1/a_{11}$ となる. いま行列式 $D = a_{11}a_{22} - a_{21}a_{12} \neq 0$ なら x_2 が求まり, この x_2 を一番目の式に代入して x_1 も定まる. 行列と D を用いれば, 解は次のように表せる.

$$\begin{pmatrix} x_1 \\ x_2 \end{pmatrix} = \frac{1}{D} \begin{bmatrix} a_{22} & -a_{12} \\ -a_{21} & a_{11} \end{bmatrix} \begin{pmatrix} f_1 \\ f_2 \end{pmatrix} \tag{3.3}$$

これが基本的な **Gauss の消去法**である. なお, $D \neq 0$ なら $a_{11} = 0$ でも $a_{12} \neq 0$, $a_{21} \neq 0$ なので, 方程式か未知数の順番を入れかえて (3.3) をえる. 他方, $D = 0$ のときは, この連立 1 次方程式は**不定**(解はあるが 1 つではなく無数)または**不能**(解がない)である.

3.1.2　Gauss の消去法：一般の場合

　未知数の数と方程式の数がともに n(2 以上の整数)の一般の場合, 連立 1 次方程式は次の形に書ける.

$$\sum_{j=1}^{n} a_{ij}x_j = f_i \quad (1 \leq i \leq n) \tag{3.4}$$

ここで, x_i $(1 \leq i \leq n)$ は未知数, a_{ij} $(1 \leq i, j \leq n)$ は未知数の係数, f_i $(1 \leq i \leq n)$ は与えられた既知数でいずれも実数とする. 上式は, a_{ij} を (i,j) 成分とする n 次実正方行列 A, x_i を第 i 成分とする n 次元実列(縦)ベクトル $\boldsymbol{x}$, f_i を第 i 成分とする n 次元実列(縦)ベクトル $\boldsymbol{f}$ を用いて次のように書ける.

$$A\boldsymbol{x} = \boldsymbol{f} \tag{3.5}$$

　Gauss の消去法の基本はすでに述べたが，計算効率の観点から各方程式をできるだけ式の順に用い，その順番と同じ番号の未知数をその先の番号の方程式から消去する．最後に x_n が求められれば，今度は式番号を逆にたどって順次未知数を決定する．これでうまくいかなければ式や未知数の番号を入れ替え，それでもだめならば，その方程式は不定か不能である．

　式の番号のとおりでうまくいく場合の手順を以下に整理して示そう．

1) $a_{jk}^{(0)} = a_{jk}$, $f_j^{(0)} = f_j$ $(1 \leq j \leq n, 1 \leq k \leq n)$ とおく．

2) （**前進消去**）$i = 1, 2, \ldots, n-2, n-1$ の順に，$a_{ii}^{(i-1)} \neq 0$ として $i+1 \leq j \leq n, i+1 \leq k \leq n$ に対し，次の計算をする（$a_{ji}^{(i)} = 0$ は自明なので $k = i$ は除く）．

$$m = a_{ji}^{(i-1)}/a_{ii}^{(i-1)}; \quad a_{jk}^{(i)} = a_{jk}^{(i-1)} - ma_{ik}^{(i-1)}, \quad f_j^{(i)} = f_j^{(i-1)} - mf_i^{(i-1)} \tag{3.6}$$

3) $a_{nn}^{(n-1)} \neq 0$ ならば $x_n = f_n^{(n-1)}/a_{nn}^{(n-1)}$ をえる．

4) （**後退代入**）$i = n-1, n-2, \ldots, 2, 1$ の順に次式で x_i を求める．

$$x_i = (f_i^{(i-1)} - \sum_{j=i+1}^{n} a_{ij}^{(i-1)} x^{(j)})/a_{ii}^{(i-1)} \tag{3.7}$$

　Gauss の消去法では有限回の四則演算しか用いないので，無限桁の実数演算を実行できれば厳密解が求まるが，実際は計算機誤差（第 1 章参照）を回避できない．また以上の手続きがうまくいく場合，A を 2 つの行列の積に分解して Gauss の消去法を表す **_LU_ 分解**や **Cholesky**（コレスキー）**分解**などがある [1, 2, 3]．

例 3.1　計算機誤差の影響を見るため，ϵ を小さい正の数として次を解こう．

$$\epsilon x + y = \epsilon, \quad x + (1 + 1/\epsilon)y = 2 \tag{3.8}$$

これを Gauss の消去法で式 (3.6) のとおりに解くと，1 番目の方程式を ϵ で割り 2 番目の方程式から引いて，$[1 + 1/\epsilon - 1/\epsilon]y = 2 - 1 \Rightarrow y = 1$．これを 1 番目の方程式に代入すると $x = (\epsilon - 1)/\epsilon$ となるはずだが，実際に計算してみると，ϵ が小さくて桁数が足りないと $1/\epsilon$ に比べた 1 は事実上 0 とみなされ，y を求める式の係数が 0 となり計算できない（第 1 章参照）．この例では $D = \epsilon > 0$ ではあるが，ϵ が小さいと事実上は不能の方程式 $\epsilon x + y = \epsilon$, $\epsilon x + y = 2\epsilon$ を扱っているこ

とになる.

3.2　線 形 反 復 法

　連立 1 次方程式に対する反復法では,　CG 法などの系統の解法が支配的だが,
線形反復法が主流だった時代もあるので,　簡単に触れておく [1, 2, 3, 4].

　連立 1 次方程式 $A\boldsymbol{x} = \boldsymbol{f}$ の係数行列 A を $A = M + N$ のように分解する. た
だし,　M は正則で,　$M\boldsymbol{x} = \boldsymbol{g}$ の形の方程式が "簡単に解ける" とする.

$$A\boldsymbol{x} = \boldsymbol{f} \iff (M + N)\boldsymbol{x} = \boldsymbol{f} \iff M\boldsymbol{x} = -N\boldsymbol{x} + \boldsymbol{f}$$
$$\iff \boldsymbol{x} = M^{-1}(\boldsymbol{f} - N\boldsymbol{x}) \tag{3.9}$$

最後の式から,　$\boldsymbol{x}^{(0)} \in \mathbb{R}^n$ を出発値として,　次の反復法が構成できる.

　　"$k = 1, 2, \ldots$ の順に,　$x^{(k)}$ を次式で定める."

$$\boldsymbol{x}^{(k)} = M^{-1}(\boldsymbol{f} - N\boldsymbol{x}^{(k-1)}) \tag{3.10}$$

上式は,　実際には方程式 $M\boldsymbol{x}^{(k)} = \boldsymbol{f} - N\boldsymbol{x}^{(k-1)}$ を $\boldsymbol{x}^{(k)}$ について解けばよい.

　この種の反復法は,　基本的な計算式が線形演算なので,　**線形反復法**と総称さ
れ,　また,　**定常反復法**とも呼ばれる.　線形反復法の具体例としては,　M として
A の対角部分を用いる Jacobi 法,　A の対角成分と下三角部分を用いる Gauss–
Seidel (ガウス–ザイデル) 法,　Gauss–Seidel 法に緩和係数を導入した SOR
(Successive Over Relaxation,　逐次過緩和) 法などがある [1–4].

　A が正則なら方程式 $A\boldsymbol{x} = \boldsymbol{f}$ は一意な解 $\boldsymbol{x}_0$ を持ち,　式 (3.10) は次と等価であ
る.

$$\boldsymbol{x}^{(k)} - \boldsymbol{x}_0 = -M^{-1}N(\boldsymbol{x}^{(k-1)} - \boldsymbol{x}_0) \tag{3.11}$$

すなわち,　線形反復法の基本部分は,　行列 $-M^{-1}N$ をベクトルに繰り返し乗じ
ることで,　この行列の "大きさ" が収束・発散や収束の速さを決定すると考えら
れる.　そこで,　正方行列の大きさを測る量として,　行列の**作用素ノルム**を導入す
る.　ここで作用素とは,　行列をベクトルに乗じる (作用させる) ことにより,　別
のベクトルを生成する実体として行列をとらえた言葉である.

　一般の n 次実正方行列 B に対し,　その作用素ノルム $\|B\|$ は次式で定義され
る.

$$\|B\| = \max_{\boldsymbol{x} \neq \boldsymbol{0}} \frac{\|B\boldsymbol{x}\|}{\|\boldsymbol{x}\|} \tag{3.12}$$

ただし $\boldsymbol{x}$ は $\mathbb{R}^n$ の元で，右辺の 2 つの $\|\cdot\|$ は同じ種類のベクトル・ノルム（2.5 節）とする．したがって，基礎になるベクトル・ノルムが異なれば，B の作用素ノルムも一般に異なる．この定義は，入力 $\boldsymbol{x}$ の大きさに対する出力 $B\boldsymbol{x}$ の大きさの比を，すべての $\boldsymbol{x} \neq \boldsymbol{0}$ について測ったときの最大値を意味している．

前記の定義から，$\|-B\| = \|B\|$，恒等（単位）行列 I に対して $\|I\| = 1$，零行列 0 に対して $\|0\| = 0$（右辺は数の 0）が成立し，次の不等式も確認できる．

$$\|B\boldsymbol{x}\| \leq \|B\| \cdot \|\boldsymbol{x}\| \quad （任意の \boldsymbol{x} \in \mathbb{R}^n に対して） \tag{3.13}$$

これを (3.11) に適用すると，

$$\|\boldsymbol{x}^{(k)} - \boldsymbol{x}_0\| \leq \|M^{-1}N\| \cdot \|\boldsymbol{x}^{(k-1)} - \boldsymbol{x}_0\| \tag{3.14}$$

をえる．したがって，$\|M^{-1}N\| < 1$ ならば，等比数列の原理により，次のように $\boldsymbol{x}^{(k)}$ の $\boldsymbol{x}_0$ への収束，しかも 1 次収束（2.4 節）が保証される．

$$0 \leq \|\boldsymbol{x}^{(k)} - \boldsymbol{x}_0\| \leq \|M^{-1}N\|^k \|\boldsymbol{x}^{(0)} - \boldsymbol{x}_0\| \to 0 \quad (k \to \infty) \tag{3.15}$$

条件 $\|M^{-1}N\| < 1$ の確認は簡単ではないが，A の性質や M とベクトル・ノルムの選び方によっては可能である．$\|M^{-1}N\| < 1$ でも 1 に近いと，収束は遅く多数の反復が必要になる．線形反復法では，方程式の変形は最小限なので，大規模な連立 1 次方程式も扱えるが，反復打ち切りによる誤差を伴う（2.4 節）．

3.3 C G 法

本節では，連立 1 次方程式の係数行列 A が実対称で**正定値**[1]の場合の，**CG 法**（Conjugate Gradient method，共役勾配法）の概要を示す．このとき特に A は正則であり，連立 1 次方程式 $A\boldsymbol{x} = \boldsymbol{f}$ は一意に解を持つ．より一般の行列に関する類似手法についてはまだ決定的な手法はないようである [3].

---

[1] 正定値とは，3.3.1 項で述べる内積 $(\cdot, \cdot)$ について，$x \neq 0$ ならば $(Ax, x) > 0$ となること．**半正定値**は等号を外せない場合をいう．

3.3.1　ベクトルの内積

CG 法で活用されるベクトルの**内積**について説明する．以下，本節では太字ではなく x, f などで $\mathbb{R}^n$ の元としての実列（縦）ベクトルを表す．x, $y \in \mathbb{R}^n$ に対し，ユークリッドの内積を $(x, y) = \sum_{i=1}^{n} x_i y_i$ で定義する．行列やベクトルの転置 (transpose) を上付きの T で示せば，この内積やユークリッド・ノルムは $(x, y) = x^T y$, $\|x\| = (x, x)^{1/2}$ とも表せる．$(\cdot, \cdot)$ は次の性質を満たす．

- (I1)　（**非負性**）すべての $x \in \mathbb{R}^n$ に対し $(x, x) \geq 0$ で，$(x, x) = 0$ なら $x = 0$.
- (I2)　（**対称性**）すべての $x, y \in \mathbb{R}^n$ に対し $(x, y) = (y, x)$.
- (I3)　（**斉次性**）すべての数 c と $x, y \in \mathbb{R}^n$ に対し $(cx, y) = c(x, y)$.
- (I4)　（**分配則**）すべての $x, y, z \in \mathbb{R}^n$ に対し，$(x + y, z) = (x, z) + (y, z)$.

なお，内積とノルムの間には次の **Schwarz**（シュヴァルツ）**の不等式**が成立する．

$$|(x, y)| \leq \|x\| \cdot \|y\| \quad （すべての x, y \in \mathbb{R}^n に対し） \tag{3.16}$$

等号は，$x = 0$ または $y = 0$ の場合も含め x と y が平行なら成立し，その場合に限られる．特に $\mathbb{R}^2$, $\mathbb{R}^3$ での矢印ベクトル a と b の内積は，その長さ（ノルム）$\|a\|$, $\|b\|$ とその内角 θ で $\|a\| \cdot \|b\| \cos\theta$ と表され，式 (3.16) は自明である．また，$(x, y) = 0$ のとき，x と y は**直交する**というが，0 でない矢印ベクトル a, b の場合，θ は直角になり，文字どおり 2 ベクトルは直交している [4]．

3.3.2　最適化問題と連立 1 次方程式

CG 法の関連事項の 1 つとして最適化問題について述べる．各ベクトル $x \in \mathbb{R}^n$ に対し，実数値を与える関数を F，値を $F(x)$ と記す．$F(x)$ は実数なので，x ごとの値の大小が比較でき，その最小値問題や最大値問題を設定できる．$-F$ を考えれば，最大値問題は最小値問題に変換されるので，以下では最小値問題を扱う．これらの極値問題は，目的関数 F の**最適化問題**とも称される [5, 6].

注意すべきは，F が多変数関数でも微分（係数）や導関数を定義できることである．ここでは**全微分**（単に微分とも）を説明する．ユークリッドの内積 $(\cdot, \cdot)$ を用いれば，全微分を**勾配**の形で定義できる [5, 7]．すなわち，F の $x \in \mathbb{R}^n$ に

おける勾配 $(\nabla F)(x)$ とは，y を任意の $\mathbb{R}^n$ の元とするとき，

$$F(x+y) - F(x) = ((\nabla F)(x), y) + o(\|y\|) \tag{3.17}$$

となる $\mathbb{R}^n$ の元を意味する．ここで $o(\|y\|)$ は，$\|y\| \to 0$ のとき，$\|y\|$ ($\neq 0$) で割っても 0 に収束する量を示す．また，ベクトル $(\nabla F)(x)$ の第 i 成分は，x の第 i 成分 x_i に対する F の偏導関数値 $\partial F(x)/\partial x_i$ で与えられる．

初等微積分での議論と同様，全微分可能な F が x で最小値をとる必要条件として $(\nabla F)(x) = 0$ をえる．したがって，最小値を求める際は，まず，この条件を満たす x を探すのが標準的手順である[2].

次に，最小値になるための必要十分条件（最小条件）は，任意の $y \neq 0$ に対して $F(x+y) - F(x) \geq 0$ が成立することで，狭義の最小条件は，この式の等号付き不等号 $\geq$ を等号なしの不等号 $>$ で置き換えたものである．なお，極小条件は，$\|y\| \neq 0$ を十分小さく制限したものになる．個々の F での最小条件の確認には，凸関数や2階導関数などの知識が有効である [7, 8].

次に実対称な正方行列 A を係数行列とする連立1次方程式 $Ax = f$ に関連する F を，各 $x \in \mathbb{R}^n$ に対し次式で与える．

$$F(x) := \frac{1}{2} x^T A x - x^T f = \frac{1}{2}(Ax, x) - (f, x) \tag{3.18}$$

このとき $(\nabla F)(x) = Ax - f$ である．実際，A の実対称性により $F(x+y) - F(x) = (Ax - f, y) + (Ay, y)/2$ であり，最後の項を $\|y\| \neq 0$ で割った大きさは $\|A\| \cdot \|y\|/2$ 以下で，$\|y\| \to 0$ のとき 0 に収束する．

この結果より，F を最小にする x が存在すれば，それは $Ax = f$ の解で，その解は A が正則なので一意に存在する．さらに，この解 x が F の最小値を与えることは，$F(x+y) - F(x) = (Ax - f, y) + (Ay, y)/2 = (Ay, y)/2$ に A の正定値性を用いて確認できる．以上により，A に対する仮定の下では，$Ax = f$ を解くことと式 (3.18) の F の最小値を与える x を求めることは同等である．

関数 $F(x)$ の最小値を探す基本的な手法として，F の勾配 ∇F を利用する**勾配法**について述べる．一般の $x \in \mathbb{R}^n$ にノルム一定の微小変化 $y \in \mathbb{R}^n$ を与えたとき，$F(x)$ から $F(x+y)$ への変化が最大となるのは，$(\nabla F)(x) \neq 0$ ならば，y が $(\nabla F)(x)$ と平行なときである．それは，式 (3.17) により

---

[2] F の定義域が $\mathbb{R}^n$ 全体でない一般の場合は，手順はより複雑になる．

$$F(x + y) - F(x) \fallingdotseq ((\nabla F)(x), y) \tag{3.19}$$

なので，$\|y\|$ が一定のとき，右辺の内積の絶対値が最大になるのは，Schwarz の不等式 (3.16) により，y と $\nabla F(x)$ の方向が一致したときだからである．

いま，x の変化分である y の方向を示すベクトルを $u = -\nabla F(x) = f - Ax \neq 0$，$\alpha$ を実数パラメーターとして $y = \alpha u$ とおき，$F(x + \alpha u)$ を最小にする α の値を求める問題を導入しよう．式 (3.18) の $F(x)$ に対しては $F(x + \alpha u) = \alpha^2(Au, u)/2 + \alpha(Ax - f, u) + (Ax, x)/2 - (f, x)$ なので，α は具体的に次のように定まる．

$$\alpha = \frac{(f - Ax, u)}{(Au, u)} = \frac{(u, u)}{(Au, u)} \quad (\text{分母 } (Au, u) \neq 0 \text{ に注意}) \tag{3.20}$$

こうして α を決定し，$x + \alpha u$ を新たな x として計算を繰り返して真の最小値に近づけるのが勾配法だが，y が微小でないときは必ずしもよい選択ではない．

3.3.3　Krylov 部分空間と共役性

次に CG 法での重要な概念である Krylov（クリロフ）部分空間と共役性について述べる[3]．方程式 $Ax = f$ の近似解を $x^{(0)}$ とする．厳密解 x との差 $y = x - x^{(0)}$ に対して $Ay = f - Ax^{(0)}$ $(= r^{(0)} : x^{(0)}$ での**残差**) なので，$Ax = f$ を解くことと $Ay = r^{(0)}$ を解くことは同等である．以下，$r^{(0)} \neq 0$ と仮定する．

いま，$r^{(0)}$ に A をかける計算を繰り返してえられる列 $r^{(0)}, Ar^{(0)}, A^2 r^{(0)}, \ldots$ は Krylov（クリロフ）列，$\{A^{i-1} r^{(0)}\}_{i=1}^k$ の1次結合全体がなす $\mathbb{R}^n$ の線形部分空間 $S_A^k(r^{(0)})$ は **Krylov 部分空間**と呼ばれる．$r^{(0)} \neq 0$ より Krylov 部分空間の次元は k とともに最初は1つずつ増加するが，いずれ一定になり n を越えない．実は次元が最初に一定になる k を k^* と書くと，$y \in S_A^{k^*}(r^{(0)})$, $y \notin S_A^k r^{(0)}$ $(k < k^*)$ となるので [1–4]，y は $y = \sum_{i=1}^{k^*} c_i A^{i-1} r^{(0)}$ （$\{c_i\}_{i=1}^{k^*}$ は係数）と表せる．CG 法では Krylov 列を用いて解を求めるが，直接 $\{c_i\}_{i=1}^{k^*}$ を定めるのは難しい．

ここで，**共役性**の概念を導入する．2つのベクトル $x, y \in \mathbb{R}^n$ が**共役**とは，

$$(Ax, y) = (x, Ay) = 0 \tag{3.21}$$

が成立することである．A の実対称性と正定値性により，$(Ax, y) = (x, Ay)$ は

---

[3] 以下，共役性の定義以外は技術的な内容.

元来の (x, y) と同様な内積の性質を持ち, $(Ax, x)^{1/2}$ はノルムと見なせる. いま, $S_A^{k^*}(r^{(0)})$ の基底として, $\{A^{(i-1)}r^{(0)}\}_{i=1}^{k^*}$ の代わりに, 互いに共役な $\{\phi_i\}_{i=1}^{k^*}$ がえられたとする $((A\phi_i, \phi_j) = 0 \ (i \neq j))$. このとき, y をこの基底で展開した $y = \sum_{i=1}^{k^*} c_i^* \phi_i$ の各係数 c_i^* は, 両辺に A を左からかけた上で ϕ_j との内積をとり, $Ay = r^{(0)}$ に注意すれば次のように定まる.

$$(Ay, \phi_j) = (A\sum_{i=1}^{k^*} c_i^* \phi_i, \phi_j) = c_i^*(A\phi_i, \phi_i) \Longrightarrow c_i^* = (r^{(0)}, \phi_i)/(A\phi_i, \phi_i) \quad (3.22)$$

共役性により, 各係数 c_i^* は同じ番号 i に対する ϕ_i のみで決定できる. なお, $k \leq k^*$ で和を打ち切った $y^{(k)} = \sum_{i=1}^{k} c_i \phi_i$ に対し次が成り立つ.

$$(A(y - y^{(k)}), z) = (f - Ay^{(k)}, z) = 0 \quad (\text{任意の } z \in S_A^k(r^{(0)}) \text{ に対し}) \quad (3.23)$$

$$(A(y - y^{(k)}), y - y^{(k)}) = \min_{z \in S_A^k(r^{(0)})} (A(y - z), y - z) \quad (3.24)$$

これらは等価で, 順に **Galerkin**（ガレルキン）**直交性**と**最良近似性**と呼ばれる.

3.3.4 ＣＧ法の手順

CG 法では, 勾配法により $\phi_1 = r^{(0)} \neq 0$ と選び, $x^{(1)}$ を次式で定める.

$$x^{(1)} = x^{(0)} + \alpha^{(1)}\phi_1 = x^{(0)} + y^{(1)}, \quad \alpha^{(1)} = (r^{(0)}, \phi_1)/(\phi_1, A\phi_1) \quad (3.25)$$

問題は, 残る $\{\phi_i\}_{i=2}^{k^*}$ をどのように構成するかである. $x^{(1)}$ に対する残差は $r^{(1)} = f - Ax^{(1)} = f - A(x^{(0)} + \alpha^{(1)}r^{(0)}) = r^{(0)} - \alpha^{(1)}Ar^{(0)}$ であるから, $r^{(1)} \in S_A^2(r^{(0)})$ である. そこで, $\phi_2 = r^{(1)} - \beta\phi_1 \in S_A^2(r^{(0)})$ の形で, $\phi_1 = r^{(0)}$ との共役条件 $(\phi_2, A\phi_1) = 0$ を満たす 2 番目の基底 ϕ_2 を求めよう.

$$\phi_2 = r^{(1)} - \beta\phi_1, \ (\phi_2, A\phi_1) = 0 \text{ より } \beta = (r^{(1)}, A\phi_1)/(\phi_1, A\phi_1) \quad (3.26)$$

仮定 $r^{(0)} \neq 0$ より式 (3.25), (3.26) に現れる分母は正である. もちろん, $r^{(1)} = 0$ ならば次の $x^{(2)}$ の計算は不要である. こうして ϕ_1, ϕ_2 が定まる.

ここまでの計算手順をまとめると, 次のようになる.

(a) $x^{(0)}$ を選び, $r^{(0)} = f - Ax^{(0)}$ を求め, $\phi_1 = r^{(0)}$ とおく

(b) $i = 1, 2, \ldots$ の順に次を実行する.

$\psi_i = A\phi_i$, $\gamma^{(i)} = (\psi_i, \phi_i)$, $\alpha^{(i)} = (r^{(i-1)}, \phi_i)/\gamma^{(i)}$ より次を求める.

$$x^{(i)} = x^{(i-1)} + \alpha^{(i)}\phi_i \tag{3.27}$$

$r^{(i)} = f - Ax^{(i)} = r^{(i-1)} - \alpha_i\psi_i$ を求め, $r^{(i)}$ が十分に小でない, または $x^{(i)}$ が収束不十分と判定されたら, 次の計算をし i を 1 つ増やし (b) を続ける.

$$\beta^{(i)} = (r^{(i)}, \psi_i)/\gamma^{(i)}, \quad \phi_{i+1} = r^{(i)} - \beta^{(i)}\phi_i \tag{3.28}$$

CG 法では, $i = 3$ 以降もこの計算を進め, 適当な i で計算を停止する. 反復停止条件には 2.4.3 項のものも適用できるが, CG 法では残差 $r^{(i)}$ を必ず計算するので, そのユークリッド・ノルムやそれを $\|r^{(0)}\|$ や $\|r^{(i)})\|$ で除した値がよく使われる. 理論的には, Krylov 部分空間の次元の最大値 $k^* \leq n$ で $r^{(k^*)} = 0$ となる [1–4]. 通常の反復法と異なり, 計算機誤差を無視すれば CG 法では有限回の収束が保証されるが, それ以前に反復を停止するのが普通である.

　上述で, ϕ_{i+1} は ϕ_i に共役になるように $\beta^{(i)}$ を定めたが, 実はそれ以前の番号 $j \leq i-1$ $(i \geq 2)$ に対しても ϕ_{i+1} は ϕ_j と共役になる. それは ϕ_{i+1} が ϕ_i と $r^{(i)} = r^{(0)} - Ay^{(i)} = \phi_1 - A\sum_{j=1}^{i}\alpha_j\phi_j$ の 1 次結合になっており, 後者の $j \leq i-1$ の部分には共役性が適用できるからである (数学的帰納法による) [4]. また, (b) の $\alpha^{(i)}$ に現れる $(r^{(i-1)}, \phi_i)$ は $(r^{(0)}, \phi_i)$ とも表せ, 式 (3.22) と整合する.

　一般に CG 法は係数行列 A 次第で計算機誤差の影響を受けやすく, また収束も遅くなる. しかし, 行列 A に**前処理**という変換を施し, 変換後の行列に CG 法を適用すると, 変換次第では収束性が大きく改善される ([3] など).

3.4　解 の 一 般 化

　現在は, 適切な数学ソフトを用いれば, かなり大規模な連立 1 次方程式でも "解らしきもの" がえられ, 問題の難しさを示す指標の代表例である行列の**条件数** [1–4] なども出力してくれる. それらの出力から数値解の精度を推測することは重要だが, それ以前に注意すべきは, 方程式が不定や不能の場合, あるいはそれに近い場合でもしばしば結果が出てくることである. このような場合, ユークリッド・ノルム $\|x\|$ を最小にするもの (ノルム最小解) や残差のユークリッド・ノルムを最小にするもの (最小 2 乗解) を出力することが多い. これらは目的によっては解の何らかの代用品や一般化として活用できる. ただ, その意味

をある程度理解するには**条件数**，**一般逆行列**や**特異値分解**などの概念が必要になる [3, 9].

3.5 大規模連立 1 次方程式の解法の原理

一般の正則行列に対し Gauss の消去法を確実に適用するには，方程式や未知数の順番の変更は必須である．しかし，この手順を省いても一応の結果がえられるなら，その方が計算時間や記憶場所の量を節約できる．

特に行列 A が対称で，しかも行や列の交換なしですむ場合，式 (3.6) の $a_{jk}^{(i)}$ $(j, k \in \{i+1, i+2, \ldots, n\})$ は j, k について対称になる： $a_{jk}^{(i)} = a_{kj}^{(i)}$. この場合，$k$ について $j \le k \le n$ の部分のみ，すなわち，行列の対角成分を含んだ上三角部分のみを記憶し計算すればすむ．

また，式 (3.6) の第 1 式の右辺で $a_{ji}^{(i-1)} = 0$ か，第 2 式の右辺で $a_{ik}^{(i-1)} = 0$ ならば，$a_{jk}^{(i)} = a_{jk}^{(i-1)}$ となり，計算を省略できる．特に，A の j (> 1) 行で列番号が 1 からある番号 n_j^R $(< j)$ までの全成分が 0 で，A の k (> 1) 列の行番号が 1 からある番号 n_k^C $(< k)$ までの全成分も 0 ならば[4]，それらの零成分の箇所は前進消去の過程を通して 0 のままであり，記憶も計算も必要がない．このような零成分を多く持つ行列では，行や列の交換が省ければ，計算時間と記憶場所の面での効率化が期待できる．

さらに，同じ係数行列 A について，複数の $\boldsymbol{f}$ に対する解 $\boldsymbol{x}$ を求めたいことがある．式 (3.6), (3.7) を注意して見ると，$1 \le i \le n$ に対して $a_{ii}^{(i-1)}$ が，$1 \le i \le n-1, i+1 \le j \le n$ に対して $a_{ji}^{(i-1)}$, $a_{ij}^{(i-1)}$ が前進消去の終了後も記憶されていれば，2 番目以降の $\boldsymbol{f}$ では A の前進消去は不要で，解 $\boldsymbol{x}$ の計算は簡単に実行できる．なお，式 (3.6) の手順で $a_{jk}^{(i-1)}$ の記憶場所を $a_{jk}^{(i)}$ で上書きしても，後でも必要な $a_{ji}^{(i-1)}$, $a_{ii}^{(i-1)}$, $a_{ik}^{(i-1)}$ $(=$ 式 (3.7) での $a_{ij}^{(i-1)})$ は消えずに残ることに注意しよう．

大規模だが零成分が多い係数行列（**疎行列**）を持つ連立 1 次方程式を Gauss の消去法で解く際は，他にも様々な原理，技法が活用されている（[3, 5, 10] など）．たとえば後述の例 3.2, 3.3 の数値例では，次数が大きい場合は行列を複数のブロックに分割し，二次記憶に保存して解いている．その際，並列処理が可能な場合はブロック内の事前に消去できる部分には Gauss の消去法を適用するこ

---

[4] n_j^R, n_k^C は j, k により異なりえる．一定なら A は**帯行列**と呼ばれ，$n_j^R = n_k^C$ のことも多い．

とが多い.

　CG 法の場合は, 基本的には行列 A はそのままか若干の変換を受けるだけなので, 0 でない成分を記録すれば, あとは行列とベクトルの積やベクトルの内積演算が主な計算となる. したがって, もともと大規模な連立 1 次方程式には適用しやすいが, A によっては計算機誤差に弱く, 様々な工夫が必要になる.

3.6　数　値　例

　以下では 3 次元までの Poisson（ポアソン）方程式に関する境界値問題の差分近似に対する数値計算結果を示す. いずれも厳密解が求まる場合を考え, さらに差分方程式の厳密解は微分方程式の解の格子点関数で, 最大値（同時に図心値）は 1 になる.

例 3.2　関数 $u(x)$ $(0 \leq x \leq 1)$ に対する次の 2 階常微分方程式の 2 点境界値問題が与えられている（$u'' = d^2u/dx^2$, 厳密解は $u(x) = 4x(1-x)$).

$$-u'' = 8 \ (0 < x < 1), \quad u(0) = u(1) = 0 \tag{3.29}$$

　この問題に対する典型的な差分近似解法では, n を（大きな）自然数とし, 区間 $[0,1]$ を n 等分して間隔を $h = 1/n$ とする分点（格子点）を $x_i = ih$ $(0 \leq i \leq n)$ と定める. その上で $u(x_i)$ の近似値を u_i と記して, 次の差分近似方程式により $\{u_i\}_{i=0}^{n}$ を決定しようとする [4].

$$-u_{i-1} + 2u_i - u_{i+1} = 8h^2 \ (1 \leq i \leq n-1), \quad u_0 = u_1 = 0 \tag{3.30}$$

なお, 第 1 式は通常の差分方程式表示の両辺に $h^2 = 1/n^2$ を乗じたものであり, u_0, u_n を除けば, 未知数も方程式も $n-1$ 個の連立 1 次方程式をえる. この方程式の厳密解は $u_i = u(x_i)$ だが, 有限要素法でも同様な方程式がえられる [4].

　ピボットの選択を考慮しない Gauss の消去法および前処理なしの CG 法でこの方程式を解こう. n を変え, 単精度, 倍精度, 4 倍精度計算による結果の比較もする. 以下に $n = 10^m$ $(m = 1, 2, 3, \ldots)$ と選んだ場合について, $u_{n/2}$ の計算値を求めたが, 計算機誤差がなければ $u_{n/2} = 1$ である.

(1) Gauss の消去法による結果

　実数型精度の選び方による $u_{n/2}$ の差を表 3.1 に示す. 単精度では $n = 10^3$ 程

表 3.1　例 3.2 での $u(1/2)$ の計算値（Gauss の消去法）

n	$u_{n/2}$：単精度	$u_{n/2}$：倍精度	$u_{n/2}$：4 倍精度
10	0.9999999	1.000000000000000	1.0000000000000000
10^2	0.9999995	0.999999999999996	1.0000000000000000
10^3	1.0003483	0.999999999999632	1.0000000000000000
10^4	0.5651175	1.000000000009082	1.0000000000000000
10^5	$8.947929e{-}3$	0.999999999698356	1.0000000000000000
10^6	$8.949632e{-}5$	1.000000599070909	1.0000000000000000
10^7	$8.948302e{-}7$	0.999998176382464	1.0000000000000000
10^8	$8.949312e{-}9$	0.992711578284414	1.0000000000000000
10^9	$8.950472e{-}11$	$4.79190302313886e{-}2$	0.99999999999999989

度で誤差がかなり大きくなり，n をさらに増やせば破綻する．倍精度ではより大きな n まで十進 10 桁程度の精度を保つが，結局は破綻する．表の範囲ではまずまずの 4 倍精度にも破綻は忍び寄っている．ここで考察した連立 1 次方程式は数値計算に現れる典型例であり，しかも係数行列は誤差なしに記憶できるが，以上の結果は，n が何億になるようなことも日常的な大規模計算では，計算機誤差への配慮が肝要なことを示唆している．

(2) CG 法による結果

　この場合，係数行列は整数型や単精度実数型でも十分なので，他のスカラー量やベクトル量についてのみ精度を変え，反復回数の上限は行列の次数 $n-1$ に設定し実験した．CG 法では必然的に残差ベクトル $r^{(i)}$ を計算するため，収束の目安となる誤差指標としては，そのユークリッド・ノルム $\|r^{(i)}\|$（以下，ノルム）を用いることが多い．ただし，ノルムがどの程度小さくなったときに反復を打ち切るかの判断は難しい．また，ノルムは必ずしも単調に減少せず，複雑な挙動を示す．ただし，3.3.3 項に現れた内積に基づくノルムでの誤差 $(A(x-x^{(i)}), x-x^i)^{1/2} = (r^{(i)}, x)^{1/2}$（$x$ は $Ax=f$ の厳密解，$x^{(i)}$ は CG 法での反復ベクトル）は，計算機誤差が 0 ならば単調に 0 に収束する．ここでは，誤差指標として残差ベクトルのノルムを f のノルムで割った量 $\|r^{(i)}\|/\|f\|$ を採用し，この量が設定値 $\varepsilon>0$ より小さくなったときに反復を停止した．なお，出発ベクトルは $x^{(0)} - 0$ としたが，このとき u の左右対称性 $u(1-x)=u(x)$ に対応する性質 $u_{n-i}=u_i$（$1 \leq i \leq n-1$）が，反復途中の u_i の近似についても成り立つので，その結果，この場合の Krylov 部分空間の最大次元は，n が偶数のとき，$n/2$ 以

表 3.2　例 3.2 での CG 法による $u(1/2)$ の計算値（単精度，残差の計算法による差）

残差の計算式		$r^{(i)} = r^{(i-1)} - \alpha^{(i)}\psi_i$		$r^{(i)} = f - Ax^{(i)}$	
n	ε	$u_{n/2}$	k	$u_{n/2}$	k
10	$10^{-2}, 10^{-3}$	1.0000000	5	1.0000000	5
10^2	$10^{-2}, 10^{-3}$	0.9999998	50	0.9999999	50
10^3	10^{-2}	1.0000081	500	0.9999969	500
10^3	10^{-3}	1.0000081	500	0.9999970	999
10^4	$10^{-2}, 10^{-3}$	0.9999689	5000	0.9568971	9999
10^5	10^{-2}	1.0001203	93463	0.2204267	99999
10^5	10^{-3}	1.0001205	99999	0.2204267	99999

下になる.

　以下に，ε の値と実数型数値の精度を変えたときの，反復回数 k とえられた $u_{n/2}$（区間中心での値）を示す．なお，残差ベクトル $r^{(i)}$ への計算機誤差の影響を見るため，$r^{(i)}$ の計算に式 $r^{(i)} = r^{(i-1)} - \alpha^{(i)}\psi_i$ を用いた結果と，直接の定義式 $r^{(i)} = f - Ax^{(i)}$ を反復の各ステップで用いたものとを比較した.

　まず，単精度計算で ε を 10^{-2}，10^{-3} に対する結果を表 3.2 に示す．表によれば，n が小さいときは Krylov 部分空間の最大次元と思われる $n/2$ 回の反復で終了し，$u_{n/2}$ もほぼ正しく求められているが，n の増加に伴い，誤差は増大している．n をさらに大きくしたり ε を小さくすると，$n-1$ 回内で反復を終了できず強制終了される事例が生じるが，$n/2$ 回以降の $x^{(i)}$ や $r^{(i)}$ の挙動はかなり不安定であった．また，数値は省略するが，$(A(x - x^{(i)}), x - x^{(i)})^{1/2} = (r^{(i)}, x)^{1/2}$ も計算機誤差のためか，必ずしも単調減少しなかった.

　なお，残差を $f - \alpha_i^{(i)}\psi_i$ で計算し $n/2$ 回で終了できた場合でも，$u_{n/2}$ は比較的よく求められてはいても，終了時にこの値を残差の定義式 $f - Ax^{(i)}$ で計算し直してみると，その大小関係は一定でない．また，反復途中の残差計算に定義式を用いた方が，この例題については収束挙動が悪い傾向がある（理由は不明）．また当然だが，n が大きくなると，単精度計算では ε の値をあまり小さく設定できず，反復の停止法や数値解の精度の点で困難が生じる.

　次に，倍精度による結果を表 3.3 に示す．実数型の精度を上げたことに対応し，ε の値は 10^{-3}，10^{-4}，10^{-7}，10^{-12} と選んだ．結果を見ると倍精度の効用は明らかだが，n がより大きくなると，反復停止の判断が難しいことは単精度の場合と同様である．この例では，10^{-3} という比較的大きいと思われる ε の値に対し

表 3.3 例 3.2 での CG 法による $u(1/2)$ の計算値（倍精度，残差の計算法による差）

		$r^{(i)} = r^{(i-1)} - \alpha^{(i)}\psi_i$		$r^{(i)} = f - Ax^{(i)}$	
残差の計算式					
n	ε	$u_{n/2}$	k	$u_{n/2}$	k
10	全ケース	1.00000000000000	5	1.00000000000000	5
10^2	全ケース	1.00000000000000	50	1.00000000000000	50
10^3	$10^{-3}, 10^{-4}, 10^{-7}$	1.00000000000000	500	0.99999999999999	500
10^3	10^{-12}	1.00000000000000	500	0.99999999999999	999
10^4	$10^{-3}, 10^{-4}, 10^{-7}$	1.00000000000006	5000	0.99999999999992	5000
10^4	10^{-12}	1.00000000000006	5000	0.99999999999992	9999
10^5	$10^{-3}, 10^{-4}$	1.00000000000084	50000	1.00000000005311	50000
10^5	10^{-7}	1.00000000000084	50000	1.00000000005311	99999
10^5	10^{-12}	1.00000000000054	93762	1.00000000005311	99999
10^6	$10^{-3}, 10^{-4}$	0.99999999999801	500000	0.99999999674422	500000
10^6	10^{-7}	0.99999999999801	500000	0.99999999674422	999999
10^6	10^{-12}	0.99999999999801	995634	0.99999999674422	999999

ても $n/2$ 回の反復を要した．4 倍精度による結果は省略するが，いずれにせよ，利用者が要求する解の精度を保証することは簡単でないようである．

　以上の数値結果では，$n/2$ 回より少ない回数で反復停止した例はない．$n/2$ 回で停止できた場合は，CG 法は事実上は直接法として使用されており，この例題は CG 法向きでない．計算途中の残差量の減少は遅く，最後の $n/2$ 回目で一挙にほぼ 0 になるが，残った計算機誤差による無駄な計算を繰り返している．

例 3.3　例 3.2 に対応する 2 次元問題を扱う．Ω は $0 < x < 1, 0 < y < 1$ なる単位正方形領域，Γ はその境界とする．関数 $u(x,y)$ $(0 \le x \le 1, 0 \le y \le 1)$ に対する次の 2 次元 Poisson 方程式の境界値問題が与えられている．

$$-\Delta u = 32(x + y - x^2 - y^2)\ (\Omega\ \text{内}), \quad u = 0\ (\Gamma\ \text{上}) \tag{3.31}$$

$\Delta = \partial^2/\partial x^2 + \partial^2/\partial y^2$，厳密解は $u(x,y) = 16x(1-x)y(1-y)$ である．

　例 3.2 にならい，Ω の各辺を n 等分し，$h = 1/n$ を格子間隔として，Ω 上に正方格子網を作成する．格子点を $\{x_i, y_j\} = \{ih, jh\}$ $(0 \le i \le n, 0 \le j \le n)$ とし，$u(x_i, y_j)$ の近似値を $u_{i,j}$ と記すとき，典型的な差分近似方程式は次のようになる（$F(x,y) = 32(x + y - x^2 - y^2)$）[4]．

表 3.4　例 3.3 の Gauss の消去法による $u(1/2)$ の計算値（各種精度）

計算値	$u_{n/2,n/2}$：領域 Ω の中心での値		
n	単精度	倍精度	4 倍精度
10	0.9999995	1.0000000000000016	1.00000000000000000
20	0.9999990	0.9999999999999990	1.00000000000000000
40	0.9999793	1.0000000000000020	1.00000000000000000
100	0.9992645	1.0000000000000013	1.00000000000000000
200	0.9946291	0.9999999999999564	1.00000000000000000
400	0.9666028	0.9999999999989521	1.00000000000000000
1000	0.8122303	0.9999999999462176	1.00000000000000000

$$\begin{cases} 4u_{i,j} - u_{i-1,j} - u_{i+1,j} - u_{i,j-1} - u_{i,j+1} = h^2 F(x_i, y_j), \\ u_{0,j} = u_{n,j} = u_{i,0} = u_{i,n} = 0 \quad (1 \le i \le n-1,\ 1 \le j \le n-1) \end{cases} \tag{3.32}$$

本例でも差分近似方程式の厳密解は $u_{i,j} = u(x_i, y_j)$ となり，また，係数行列の次数は $(n-1)^2$ である．以下に領域 Ω 中心での $u_{i,j}$ の計算結果を示す．

(1) Gauss の消去法による結果

n をいくつか変えて計算した結果を表 3.4 に示す．係数行列の次数は，順に 81, 361, 1521, 9801, 39601, 159201, 998001 である．この範囲では倍精度でよさそうだが，さらに大規模な問題では対策が必要になろう．

(2) CG 法による結果

例 3.2 と同様に，n や ε を変えて比較した．もとの問題では直線 $x = 1/2$, $y = 1/2$, $y = x$ に関する線対称性により $u(x,y) = u(1-x,y) = u(x,1-y) = u(y,x)$ が成立する（$F(x,y)$ でも同様．なお，$y = 1-x$ に関する対称性や Ω の中心 $\{1/2, 1/2\}$ に関する点対称性は先の対称性条件から導かれる）．これに対応して，差分方程式の解 $u_{i,j}$ について，$u_{i,j} = u_{n-i,j} = u_{i,n-j} = u_{j,i}$ $(1 \le i \le n-1,\ 1 \le j \le n-1)$ となるが，以下の計算例では $x^{(0)} = 0$ と選んだので，反復途中の $x^{(i)}$ の成分についても同様の性質が成り立ち，n が偶数の場合，Krylov 部分空間の最大次元は $n(n+2)/8$ 以下になる．表 3.5, 3.6 では，残差ベクトルの計算に式 $r^{(i)} = r^{(i-1)} - \alpha^{(i)} \psi_i$ を用いた結果のみを示す．表 3.5 に示す単精度の場合，$\varepsilon = 10^{-6}, 10^{-7}$ と選ぶことはあまり意味がない．この例では，比較的少ない反復

表 **3.5** 例 3.3 の CG 法による $u(1/2)$ の計算値（単精度）

単精度					
n	$(n-1)^2$	$n(n+2)/8$	ε	$u_{n/2,n/2}$	k
10	81	15	10^{-2}	0.9991630	6
			10^{-3}	1.0000502	9
			10^{-4}	0.9999994	11
			10^{-5}	1.0000000	12
			$10^{-6}, 10^{-7}$	0.9999999	13
100	9801	1275	10^{-2}	0.9991570	69
			10^{-3}	1.0000001	98
			10^{-4}	0.9999992	115
			10^{-5}	0.9999994	126
			10^{-6}	0.9999999	165
			10^{-7}	0.9999999	196
1000	998001	125250	10^{-2}	0.9999814	1227
			10^{-3}	0.9999912	1357
			10^{-4}	1.0000000	1997
			10^{-5}	1.0000000	2167
			10^{-6}	1.0000000	2298
			10^{-7}	1.0000000	2815

表 **3.6** 例 3.3 の CG 法による $u(1/2)$ の計算値（倍精度，4 倍精度）

実数型の精度		倍精度		4 倍精度	
n	ε	$u_{n/2,n/2}$	k	$u_{n/2,n/2}$	k
10	全ケース	0.9999999999999999	13	1.0000000000000000	13
100	10^{-7}	0.9999999987187491	151	0.9999999987187518	151
	10^{-9}	1.0000000000061282	178	1.0000000000061308	178
	10^{-11}	0.9999999999998985	199	0.9999999999999010	199
	10^{-13}	0.9999999999999971	215	0.9999999999999995	215
	10^{-15}	0.9999999999999990	253	1.0000000000000000	233
1000	10^{-7}	0.9999999995759038	1564	0.9999999995759931	1564
	10^{-9}	0.9999999999976125	1760	0.9999999999976949	1760
	10^{-11}	0.9999999999998681	2015	0.9999999999999398	2013
	10^{-13}	1.0000000000000031	2394	1.0000000000000002	2200
	10^{-15}	1.0000000000000031	2691	1.0000000000000000	2350

回数で一応の精度がえられており，CG 法は有効に利用できそうである．また，表3.6 に示す倍精度や4倍精度を使用すると，精度の向上のみならず収束も速くなる傾向がある．もちろん，同じ問題ではより大量の記憶場所が必要になり，計算時間も長くなる．これらの結果は例3.2 で扱った問題の2次元版だが，性格はかなり異なる．注意すべきは，この例や後述の3次元問題の事例から一般の場合の精度を類推することは危険であり，すでに触れたように，前処理などの操作がしばしば必要となる．

例3.4 最後に3次元の場合を扱う．Ω は $0 < x < 1$, $0 < y < 1$, $0 < z < 1$ なる単位立方体領域，Γ はその境界とする．関数 $u(x, y, z)$ $(0 \leq x \leq 1, 0 \leq y \leq 1, 0 \leq z \leq 1)$ に対する次の3次元 Poisson 方程式の境界値問題（厳密解は $u(x, y, z) = 64x(1-x)y(1-y)z(1-z)$）の差分近似方程式[5]を CG 法で解く．

表3.7 例3.4 での CG 法による計算値（単精度，倍精度）

実数型の精度		単精度		倍精度	
n	ε	$u_{n/2,n/2,n/2}$	k	$u_{n/2,n/2,n/2}$	k
10	10^{-2}	0.9986200	6	0.9986210838829819	6
	10^{-3}	1.0000901	9	1.0000905242229658	9
	10^{-4}	1.0000012	11	1.0000015362805450	11
	10^{-5}	0.9999988	13	0.9999993177695550	13
	10^{-6}	0.9999996	15	1.0000000783505905	15
	10^{-7}	1.0000000	21	1.0000000035573939	17
	10^{-9}	以下省略	以下省略	1.0000000000016689	21
	10^{-11}			1.0000000000001603	23
	$10^{-13, -15}$			1.0000000000000002	25
100	10^{-2}	0.9994497	83	0.9985825487576655	80
	10^{-3}	1.0000072	150	1.0000159983369550	110
	10^{-4}	0.9999970	164	0.9999996367537245	133
	10^{-5}	0.9999994	200	0.9999999696657780	149
	10^{-6}	1.0000000	251	1.0000000022842366	165
	10^{-7}	1.0000000	279	1.0000000045446973	184
	10^{-9}	以下省略	以下省略	1.0000000000106848	221
	10^{-11}			0.9999999999997176	261
	10^{-13}			1.0000000000000333	293
	10^{-15}			1.0000000000000000	348

---

[5] $6u_{i,j,k} - u_{i-1,j,k} - u_{i+1,j,k} - u_{i,j-1,k} - u_{i,j+1,k} - u_{i,j,k-1} - u_{i,j,k+1} = h^2 F(x_i, y_j, z_k)$ となる．

表 **3.8**　例 3.4 での CG 法による計算値（4 倍精度）

実数型の精度		4 倍精度	
n	ε	$u_{n/2,n/2,n/2}$	k
	10^{-3}	1.000015986750221550	110
	10^{-4}	0.99999963658524420 1	133
	10^{-5}	0.9999999696442047 62	149
	10^{-6}	1.0000000022844349 96	165
100	10^{-7}	1.0000000045445532 70	184
	10^{-9}	1.0000000000103754 40	221
	10^{-11}	0.9999999999996904 36	261
	10^{-13}	1.0000000000000008 49	292
	10^{-15}	1.0000000000000000 20	318
	10^{-17}	0.9999999999999999 99	348

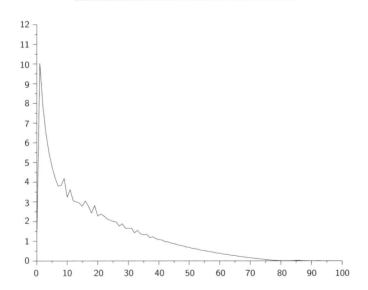

図 **3.1**　横軸：反復回数 k $(0 \le k \le 100)$，縦軸：残差のノルム（通常のスケール）．

$$-\Delta u = F(x,y,z) \ (\Omega \text{ 内}), \quad u = 0 \ (\Gamma \text{ 上}) \tag{3.33}$$

ここで，$F(x,y,z) = 128\{y(1-y)z(1-z) + x(1-x)z(1-z) + x(1-x)y(1-y)\}$

---

i, j, k は 1 以上 $n-1$ 以下．式 (3.32) と同様に導ける [4]．7.1 節も参照．

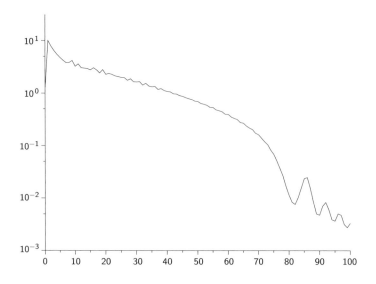

図 3.2　横軸：反復回数 k $(0 \le k \le 100)$, 縦軸：残差のノルム（常用対数スケール）.

である．$x^{(0)} = 0$ での結果を表 3.7, 3.8 に示すが，ε が小さすぎて無意味と思われる場合には空欄とした．例 3.3 と同様に，この場合も CG 法は有効なようである．

　次に $n = 100$ の場合に，残差 $r^{(k)}$ のユークリッド・ノルム $\|\cdot\|$ そのもの（$\|f\|$ で除していない $\|r^{(k)}\|$）を横軸を $0 \le k \le 100$ として図 3.1 に示す．この量は等比数列で上から評価できるが [3]，実際はかなり複雑な挙動をとる．図 3.1 は縦軸を通常のスケールで目盛りをとったものだが，残差は最初大きく跳ね上がり，その後はやや振動ないし波打ちながら 0 に近づいている．図 3.2 は縦軸を常用対数目盛りにして残差が小さいところでも観察できるようにした片対数グラフだが，k が大きくなっても波打ち現象が見られる．CG 法は残差を最小にするように構成されてはいないので，これはいたしかたない．ただし，例 3.2 で注意したように，ノルム $(A\cdot,\cdot)^{1/2}$ で見た誤差は単調に減少するが，残念ながらこれは厳密解が不明の一般の問題では確認できない（数値例は [4] 参照）．

参 考 文 献

[1] 森正武，『数値解析　第 2 版』，共立出版，2002.

[2] 山本哲朗，『数値解析入門［増訂版］』，サイエンス社，2003.

[3] 杉原正顯，室田一雄，『線形計算の数理』，岩波書店，2009.

[4] 菊地文雄，齊藤宣一，『数値解析の原理　現象の解明をめざして』，岩波書店，2016.

[5] 日本応用数理学会監修，『応用数理ハンドブック』，朝倉書店，2013.

[6] 藤原毅夫，平尾公彦，久田俊明，広瀬啓吉編，『応用数学ハンドブック』，丸善，2005.

[7] 笠原皓司，『微分積分学』，サイエンス社，1974.

[8] 川又雄二郎，坪井俊，楠岡成雄，新井仁之編，『朝倉　数学辞典』，朝倉書店，2016.

[9] 川口健一，『一般逆行列と構造工学への応用』，コロナ社，2011.

[10] Bathe, K.-J., *Finite Element Procedures*, Prentice Hall, 1995.

第4章　関数近似と数値積分

　関数近似とは，一般の関数をより簡単で基本的な関数の組み合わせで近似する手法の総称である．計算したい本来の関数が複雑で，たとえば無限級数や微分方程式の解で定義されるような場合，厳密な関数値を求めることは困難なことが多く，近似関数値を組織的に構成できる手法が望まれる．以下では具体例として主に **Lagrange 補間**について述べ，応用として**数値積分法**に触れる．

4.1　Lagrange 補間

　Lagrange（ラグランジュ）補間では，区間 I 上の連続関数 f に対し I 内の異なる n 個の点 $\{x_i\}_{i=1}^n$ で f と一致する $(n-1)$ 次多項式 $p_{n-1}(x)$ を求め，f の近似式として利用する．なお，前記の点は補間法では**標本点**と呼ぶことが多い．

　目的の多項式を $p_{n-1}(x) = \sum_{j=0}^{n-1} a_j x^j$ とおくと，未知の係数 $a_0, a_1, \ldots, a_{n-1}$ に課すべき条件は次の連立 1 次方程式になる（$f(x_i)$ は高精度な計算法で求める）．

$$p_{n-1}(x_i) = \sum_{j=0}^{n-1} a_j x_i^j = f(x_i) \quad (1 \le i \le n) \tag{4.1}$$

これを解くと最終的に次のようになる [1–3]．

$$p_{n-1}(x) = \sum_{i=1}^n f(x_i) L_i^{(n-1)}(x); \quad L_i^{(n-1)}(x) = \frac{\prod_{1 \le j \le n,\ j \ne i} (x - x_j)}{\prod_{1 \le j \le n,\ j \ne i} (x_i - x_j)} \tag{4.2}$$

式 (4.1) の成立は，各 $L_i^{(n-1)}(x)$ が $L_i^{(n-1)}(x_j) = \delta_{ij} = \begin{cases} 1 \ (i=j) \\ 0 \ (i \ne j) \end{cases} (i, j = 1, 2,$

..., n) を満たす $n-1$ 次多項式であることから従う．逆に，この性質と因数定理により $L_i^{(n-1)}(x)$ を構成することもできる [1].

こうして定まる $p_{n-1}(x)$ を $f(x)$ に対する $(n-1)$ 次 **Lagrange 補間多項式**という．したがって，n 個の異なる点で f の値を求めて $p_{n-1}(x)$ を定めれば，任意の x で $f(x)$ の近似値を計算できる．**補間**では通常，x は区間内の点とするが，I の外の点に選ぶときは正式には**補外**と呼ぶ．補外は信頼性を欠く場合が多く，利用には細心の注意が必要である．

Lagrange 補間多項式については，次の誤差評価式がある [1–3].

"f は $x_1,\, x_2,\, \ldots,\, x_n$ を含むある閉区間で n 回連続的微分可能とする．このとき，区間内の各 x に対し，$f^{(n)} = d^n f/dx^n$ として

$$f(x) - p_{n-1}(x) = \frac{f^{(n)}(\xi)}{n!} \prod_{1 \le i \le n} (x - x_i) \tag{4.3}$$

が成立するような区間の内点 ξ（x にも依存）が少なくとも 1 つは存在する．"

注意 4.1　式 (4.3) 中の ξ は 1 つ以上の存在が保証されただけで，具体的な値は求めにくい．また，4.3 節で例示するように，関数 f の性質や分点の取り方によっては，n を増加しても誤差が減少するとは限らない [1–3].

4.2　多項式を用いた他の関数近似の例

Lagrange 補間と同様に，異なる n 個の点 $x_1,\, x_2,\, \ldots,\, x_n$ での関数値 $f(x_i)$ に加え，導関数値 $f'(x_i)$ も使って $2n-1$ 次多項式を定める方法も考えられる．このような多項式は一意に存在し，f に対する **Hermite**（エルミート）**補間多項式**という．この多項式は次の形に書けるはずである．

$$p(x) = \sum_{i=1}^{n} \{f(x_i)U_i(x) + f'(x_i)V_i(x)\} \tag{4.4}$$

ここで各 $U_i(x),\, V_i(x)$ は $2n-1$ 次以下の多項式であり，次の条件を満たす．

$$U_i(x_j) = \delta_{ij}, \quad U_i'(x_j) = 0, \quad V_i(x_j) = 0, \quad V_i'(x_j) = \delta_{ij} \tag{4.5}$$

このような $U_i(x),\, V_i(x)$ は，先の $L_i^{(n-1)}(x)$（以下，$L_i(x)$ と略記）を用いて

構成できる．因数定理を利用すると，$W_i(x)$, $Z_i(x)$ を 1 次式として，$U_i(x) = W_i(x)L_i^2(x)$, $V_i(x) = Z_i(x)L_i^2(x)$ となる．これに式 (4.5) を適用すると，$W_i(x) = 1 - 2L_i'(x_i)(x - x_i)$, $Z_i(x) = x - x_i$ となり，次式をえる．

$$p(x) = \sum_{i=1}^{n} L_i^2(x)\left[\{1 - 2L_i'(x_i)(x - x_i)\}f(x_i) + (x - x_i)f'(x_i)\right] \tag{4.6}$$

誤差については，Lagrange 補間の場合と同様に次の結果をえる [1–3]．

"f は区間内で $2n$ 回連続的微分可能とすると，次を満たす ξ が存在する．"

$$f(x) - p(x) = \frac{f^{(2n)}(\xi)}{(2n)!}\prod_{i=1}^{n}(x - x_i)^2 \tag{4.7}$$

例 4.1 線分 $[-1, 1]$ 中に標本点 $x_1 = -1$, $x_2 = 0$, $x_3 = 1$ をとり，関数値 $f_i = f(x_i)$ と 1 階導関数値 $f_i' = f'(x_i)$ $(f' = df/dx)$ を用いた Hermite 補間多項式（5 次式）を求めよう．ここでは $n = 3$ で，$L_1(x) = x(x - 1)/2$, $L_2(x) = 1 - x^2$, $L_3(x) = x(x + 1)/2$ なので，式 (4.6) は次のようになる．

$$p(x) = \frac{1}{4}x^2(x - 1)^2\{(3x + 4)f_1 + (x + 1)f_1'\} + (1 - x)^2(1 + x)^2(f_2 + xf_2')$$
$$+ \frac{1}{4}x^2(1 + x)^2\{(-3x + 4)f_3 + (x - 1)f_3'\} \tag{4.8}$$

多項式によって一般的な関数近似する他の方法としては，区間の各点で誤差の絶対値をとり，さらにその区間全体での最大値を最小にすることが考えられる．このような手法は理論的には好ましいが，実行は面倒である [3]．また，Taylor 展開も実際に用いるときは有限項で打ち切るので，多項式による近似である．

一方，誤差の指標として平均 2 乗的な大きさを表す $[a, b]$ 上のノルム $\|f\| = (\int_a^b f(x)^2\,dx)^{1/2}$ を用いれば，内積演算が活用できる．区間 $[a, b]$ での連続関数を多項式で近似する場合，$(n-1)$ 次以下の多項式全体の線形空間 $\mathcal{P}_{n-1}$ で近似多項式を求めるのであれば，次の最小値問題を設定できる．

$$p \in \mathcal{P}_{n-1} \text{ を条件 } \|f - p\| = \min_{q \in \mathcal{P}_{n-1}}\|f - q\| \text{ により定めよ．} \tag{4.9}$$

このような p が各 f に対して一意に存在することは，初等的に確認できる [1]．

4.3　数　値　例

以下に Lagrange 補間による近似が有効な例と，問題点がある例を示そう．

例 4.2　$y = \sin \pi x$ を区間 $[0, 1]$ 上で考え，区間の両端を含めた等間隔の n 個の標本点を用いた Lagrange 補間多項式を求めよう．

$n = 3, 4$ と $n = 5, 6$ に対する結果を図 4.1 に示す．$y = \sin \pi x$ のグラフは破線で表示した．左側の $n = 3, 4$ では多少の誤差が見てとれるが，右側の $n = 5, 6$ に対するグラフは，いずれももとの関数のグラフと重なり，区別できない．

例 4.3　次に有理関数 $y = 1/(1 + 25x^2)$ を区間 $[-1, 1]$ 上で考え，区間の両端を含めた等間隔の n 個の標本点を用いた Lagrange 補間多項式を求めた．

もとの関数も補間関数も偶関数なので，$x \geq 0$ の部分についてのみ図 4.2 に結果を示す．$y = 1/(1 + 25x^2)$ のグラフは破線で表示した．$n = 3, 5, 7$ に対する結果（左側）でも誤差は大きいが，$n = 9, 11, 13$ に対するグラフ（右側）では，誤差はさらに大きくなっている．このような現象は **Runge**（ルンゲ）**の現象**として知られており，等分割では分点の数を増やしても結果が改善されない場合がある．ただし，標本点の取り方に工夫を凝らせば改善される [3]．

例 4.4　最後に例 4.2 で $n = 21$ とした結果と $x = 1/2$ の値を 1.0005 と変更した結果を図 4.3 に示す．このように Lagrange 補間は標本点での関数値の誤差にも弱い．

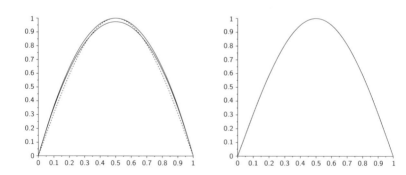

図 4.1　$y = \sin \pi x$（破線）に対する Lagrange 補間多項式（実線，左：中心付近で破線より上が $n = 3$，下が $n = 4$；右：$n = 5, 6$）．実線と破線が交わる点が標本点に対応する．

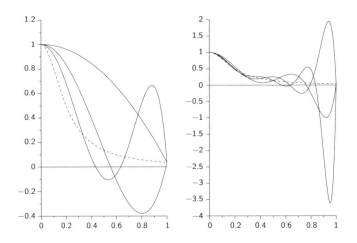

図 4.2　$y = 1/(1 + 25x^2)$（破線）に対する Lagrange 補間多項式（実線，左：$n = 3, 5, 7$，右：$n = 9, 11, 13$）．実線と破線が交わる点が標本点に対応する．

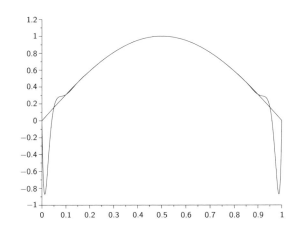

図 4.3　$y = \sin \pi x$ の $x = 1/2$ での値を 1.0005 に変更する前後の Lagrange 補間．

4.4 数 値 積 分

　以下で扱う数値積分は，有界区間上の連続関数の定積分が厳密に計算できないような場合にその近似値を求める手法であり，ここでは Lagrange 補間多項式を利用した手法について述べる．基本的な数値積分法は以下のようなものである．

関数 f は有界な閉区間 $[a,b]$ $(a < b)$ 上で連続とし，その定積分

$$I(f) = \int_a^b f(x)\,dx \tag{4.10}$$

を n 個の異なる点 x_1, x_2, ..., x_n（通常，$x_1 < x_2 < \cdots < x_n$ とする）での f の値を用いた Lagrange 補間多項式 p_{n-1} の厳密な積分で近似する．すなわち，

$$I_n(f) = I(p_{n-1}) = \sum_{i=1}^n c_i f(x_i), \quad c_i = \int_a^b L_i^{(n-1)}(x)\,dx \tag{4.11}$$

なお，数値積分で用いる点 x_1, x_2, ..., x_n は通常は区間内や区間の端点にとるが，これらは**標本点**，**積分点**などと呼ばれ，係数 c_i は**重み**と呼ばれる．

この近似値 $I_n(f)$ の厳密値 $I(f)$ との誤差は，次式で定義する．

$$E_n(f) = I(f) - I_n(f) \tag{4.12}$$

このとき，数値積分公式 I_n は次のように呼ばれる（m は非負の整数）．

1) $E_n(x^k) = 0$ $(0 \le k \le m)$：I_n は**少なくとも m 次**の数値積分公式
2) 条件 1) を満たし $E_n(x^{m+1}) \ne 0$：I_n は**ちょうど m 次**の数値積分公式

条件 2) 中の $E_n(x^{m+1}) \ne 0$ は，ある $(m+1)$ 次多項式 p に対して $E_n(p) \ne 0$ となることと同等である．また，単に "m 次の公式" ということも多いが，それが "少なくとも" か "ちょうど" の意味かには注意が必要である．

Lagrange 補間を用いた場合，I_n の定義と I の線形性，さらに f が十分になめらかな場合の誤差表示式 (4.3) により，$E_n(f)$ は次のように表せる．

$$E_n(f) = I(f) - I_n(f) = I(f) - I(p_{n-1}) = I(f - p_{n-1})$$
$$= \frac{1}{n!} \int_a^b (x - x_1)(x - x_2)\cdots(x - x_n) f^{(n)}(\xi)\,dx \tag{4.13}$$

4.1 節で述べたように上記の ξ は x に依存するが，具体的に x の関数などとして表すのは困難である．また，f が $n-1$ 次多項式ならば $f^{(n)}(\xi) = 0$ なので，I_n は少なくとも $n-1$ 次の公式である．

以下，式 (4.11) において，標本点を等間隔にとる方法と，より一般的にとって公式の次数を上げる方法の例を与える．

例 4.5　まず，標本点が等間隔で低次な公式の例を与える（$f_i = f(x_i)$, $h = b - a$）.

1) **中点公式**（中点則とも）：$x_1 = (a+b)/2$, $n = 1$;

$$c_1 = h; \quad I_1(f) = h f_1$$

2) **台形公式**（台形則とも）：$x_1 = a$, $x_2 = b$, $n = 2$;

$$c_1 = c_2 = \frac{h}{2}; \quad I_2(f) = \frac{h}{2}(f_1 + f_2)$$

3) **Simpson**（シンプソン）**の公式**（Simpson 則とも）：$x_1 = a$, $x_2 = (a+b)/2$, $x_3 = b$, $n = 3$;

$$c_1 = c_3 = \frac{h}{6}, \quad c_2 = \frac{4}{6}h; \quad I_2(f) = \frac{h}{6}(f_1 + 4f_2 + f_3)$$

上記の公式の次数は順に（いずれもちょうど），1 次，1 次，3 次である．中でも Simpson 則は，3 次までの多項式関数の簡便な厳密積分法としても利用できる．これらの公式は，後述の複合公式として用いることが多い．なお，次に示す区間の両端を用いない 3 点公式はちょうど 3 次の公式だが，

$$x_1 = a + h/4, \ x_2 = b - h/4, \ x_3 = \frac{a+b}{2}, \ I_3(f) = \frac{h}{3}(2f_1 - f_2 + 2f_3) \quad (4.14)$$

となり，負の重みが現れる．このような公式は，計算機誤差や理論的観点から望ましくないとされている [4].

誤差表示式 (4.13) をさらに詳しく調べると，次の形に整理できる [2, 5].

$$E_n(f) = \begin{cases} \dfrac{A_n h^{n+2}}{(n+1)!} f^{(n+1)}(\xi); & n \text{ が奇数のとき} \\[2mm] \dfrac{A_n h^{n+1}}{n!} f^{(n)}(\xi); & n \text{ が偶数のとき} \end{cases} \quad (4.15)$$

ここで，A_n は n と公式により決まる定数で，ξ は $[a, b]$ 内のある点である．

注目すべきは，n が奇数なら h のべきが $n+1$ より 1 つ上がって $n+2$ になり，公式の次数も先に導いた $n-1$ より 1 つ上がって n になることである．これは大まかには，f が n 次の多項式の場合には式 (4.13) 中の $f^{(n)}(\xi)$ が定数になるため，n が奇数のときの n 次多項式 f に対する式 (4.13) の積分が，標本点と重みの対称性のために 0 になることによる．なお，n を一定にして区間幅 $h = b - a$ を小さくするとき，積分自体の大きさは通常 h に比例する程度なので，積分公式の相対誤差 $E_n(f)/|I(f)|$ は上記より h のべきの次数が 1 つ下がる．

特に例 4.5 で与えた低次の公式では，より具体的な表 4.1 に示す評価がえられ

表 4.1 基本的な積分公式の誤差

中点公式	$n=1$	$E_n(f) = \dfrac{(b-a)^3}{24} f^{(2)}(\xi)$	公式の次数：1
台形公式	2	$-\dfrac{(b-a)^3}{12} f^{(2)}(\xi)$	1
Simpson の公式	3	$-\dfrac{(b-a)^5}{2880} f^{(4)}(\xi)$	3

る [2, 5]．ここで，同じ文字 ξ でも f と公式により値が異なりえるが，中点則の誤差は台形則の半分程度の大きさで符号は逆である．実際，中点則の 2/3 倍と台形則の 1/3 倍をたせば Simpson 則となり，精度が向上する．

次に標本点と重みをいろいろ変え，公式の次数を最大にする方針でえられるのが，**Gauss の（数値積分）公式**である．簡単のため，変数が t で区間が $[-1,1]$ の場合で説明するが，一般の区間 $[a,b]$ での変数 x に関する積分については，変数変換 $x = a + (t+1)(b-a)/2$ $(-1 \le t \le 1)$ を用いて変数を x から t にし，$dx/dt = (b-a)/2$ に注意して**置換積分**の公式を用いれば，次式をえる．

$$\int_a^b f(x)\,dx = \frac{b-a}{2} \int_{-1}^1 f\left(a + \frac{(t+1)(b-a)}{2}\right) dt \qquad (4.16)$$

よって，$[-1,1]$ での数値積分公式が既知ならば，標本点は $[-1,1]$ での値を，前記の t から x への変換により $[a,b]$ での値 $a + (t+1)(b-a)/2$ に変え，重みは $[-1,1]$ での値を $(b-a)/2$ 倍して区間 $[a,b]$ 用の値にすればよい．

先の方針に忠実に従えば，Gauss の公式は次のように求められる．標本点の数 n を与えたときに，できるだけ高次の単項式まで厳密に積分できるように，標本点 t_i と重み α_i $(1 \le i \le n)$ を決定する．しかし，このような計算を実際に実行するのは，$n = 1, 2, 3$ 程度ならともかく，n がもっと大きいと困難である．幸い，Legendre の多項式の性質 [1] を用いると，もう少し楽に標本点と重みを決定でき，えられる公式の次数はちょうど $2n-1$ となる [1]．Gauss の公式では，標本点と係数が複雑になり，かつては欠点とされたが，同じ n では最大の次数 $2n-1$ を持つので，現在は活用されている．また，Gauss の積分公式では重みがすべて正となり，誤差に対する安定性などの点で優れているとされる [4]．

特によく使う $n = 1, 2, 3, 4, 5$ について，平方根を用いた厳密な標本点や重みを表 4.2 与えておく [1]．実数型の精度を変える際のプログラムの書き換えなど

表 4.2 Gauss の積分公式 $(n = 1, 2, 3, 4, 5)$

$n = 1$	標本点：0	重み：2	公式次数：1
2	$\pm\frac{1}{\sqrt{3}}$	1	3
3	$\pm\sqrt{\frac{3}{5}}$ 0	$\frac{5}{9}$ $\frac{8}{9}$	5
4	$\pm\sqrt{\frac{3+2\sqrt{\frac{6}{5}}}{7}}$ $\pm\sqrt{\frac{3-2\sqrt{\frac{6}{5}}}{7}}$	$\frac{18-\sqrt{30}}{36}$ $\frac{18+\sqrt{30}}{36}$	7
5	$\pm\frac{1}{3}\sqrt{5+2\sqrt{\frac{10}{7}}}$ $\pm\frac{1}{3}\sqrt{5-2\sqrt{\frac{10}{7}}}$ 0	$\frac{322-13\sqrt{70}}{900}$ $\frac{322+13\sqrt{70}}{900}$ $\frac{128}{225}$	9

に便利であろう．$t = 0$ を対称軸として標本点と重みに対称性があるので，標本点の一部に複号を用いた．なお，$n = 1$ の公式は中点則に一致する．

4.5 複 合 公 式

　前節で述べた区間を細分しない公式で n を増やすと，そのたびに公式を更新しなければならず，しかも関数によっては真の積分値に収束しない場合さえある．また，重みの一部が負になる公式もあり，数値誤差に弱い可能性がある [5]．

　他方，全体区間を小区間に分割し，各小区間で比較的低次で簡単な同じ形の基本公式を用い和をとれば，小区間数を増やすことにより，多くの場合は収束を保証できる．ただし，計算自体は簡明であるが，小区間数が多くなると計算量は増加する．このような公式を**複合数値積分公式**，略して**複合公式**という．

　基本的な場合として，$[a,b]$ を m（自然数）等分して小区間の幅 $(b-a)/m$ を h と記すならば，分割の分点は $x_i = a + ih \ (0 \le i \le m)$ で与えられる．例として，各小区間で台形則を用いた複合公式では，次式で $I(f) = \int_a^b f(x)\,dx$ の近似値を求める（$x_0 = a,\ x_m = b,\ m = 1$ に対しては元来の台形則に一致する）．

$$\sum_{i=1}^{m} \frac{h}{2}\{f(x_{i-1}) + f(x_i)\} = \frac{h}{2}\{f(x_0) + f(x_m)\} + h\sum_{i=1}^{m-1} f(x_i) \quad (h = \frac{b-a}{m})$$

$$(4.17)$$

各小区間で他の基本公式を用いた場合も同様である．なお，たとえば台形則に基づく複合公式は複合台形則または複合台形公式と呼ぶが，台形則，台形公式と略称することも多い．その場合，基本公式とは前後の文脈で区別する．

4.6 なめらかな関数と特異性を持つ関数の積分

一般に同じ積分公式でも，被積分関数や積分区間により，結果には有意な差が生じる．特に被積分関数の微分可能性の影響は大きく，十分になめらかな被積分関数には高次の公式が有効だが，単に連続な場合や特異性を持つ場合は，低次と高次の公式とであまり差が出ず，複合公式の小区間数も多くとる必要がある．

被積分関数の微分可能性が低い場合の工夫はいろいろあるが万能な方法はない．ここでは数値実験で誤差の減少挙動を観察するため，次の3種類の $I = [0,1]$ 上の定積分を数値積分で求めてみよう（いずれも厳密値は1．J_3 は広義積分）．

$$J_1 = \int_0^1 \frac{2}{(1+x)^2}\, dx, \quad J_2 = \int_0^1 \frac{5}{4}x^{\frac{1}{4}}\, dx,$$

$$J_3 = \int_0^1 \frac{dx}{2\sqrt{x}} = \lim_{\varepsilon \to +0} \int_\varepsilon^1 \frac{dx}{2\sqrt{x}}$$

$$(4.18)$$

数値積分には中点公式，台形公式，Simpson の公式，2点 Gauss 公式を複合公式の形で用いよう．J_1, J_2 は I 上の連続関数の積分であり，どの公式も適用できるが，J_1 の被積分関数は I でなめらかなのに対し，J_2 では1階微分が $x = 0$ で発散するため誤差が大きくなる恐れがある．J_3 については，これまで述べた理論では収束について何もいえず，$x = 0$ での扱い方を定める必要がある．

以下，J_1, J_2, J_3 に対し，$m = 10^k$ $(k = 0, 1, 2, 3, 4)$，小区間の幅 $h = 1/m$ として求めた結果を表4.3〜4.5に示す（倍精度計算使用．誤差の計算には一部4倍精度使用）．

(1) J_1 に対する結果（表4.3）

これによれば，誤差は中点公式，台形公式，Simpson の公式，2点 Gauss 公

表 4.3 $J_1 = \int_0^1 \frac{2}{(1+x)^2}\,dx$ に対する計算結果

基本公式	$m = 1/h$	近似値 J_{h1}	誤差 $J_1 - J_{h1}$
中点	1	0.8888888889	0.1111111111
	10	0.9985472726	0.0014527274
	10^2	0.9999854172	0.0000145828
	10^3	0.9999998542	0.0000001458
	10^4	0.9999999985	1.46×10^{-9}
台形	1	1.2500000000	-0.2500000000
	10	1.0029102549	-0.0029102549
	10^2	1.0000291660	-0.0000291660
	10^3	1.0000002917	-0.0000002917
	10^4	1.0000000029	-2.92×10^{-9}
Simpson	1	1.0092592592	-0.0092592593
	10	1.0000016000	-0.0000016000
	10^2	1.0000000002	-1.61×10^{-10}
	10^3	1.0000000000	-1.61×10^{-14}
	10^4	1.0000000000	-1.61×10^{-18}
2 点 Gauss	1	0.9940828402	0.0059171598
	10	0.9999989340	0.0000010660
	10^2	0.9999999999	1.08×10^{-10}
	10^3	1.0000000000	1.08×10^{-14}
	10^4	1.0000000000	1.08×10^{-18}

式の順に，h^2, h^2, h^4, h^4 に比例する程度である．また，h が小さいとき，中点公式での誤差は台形公式でのそれと符号が反対で絶対値はほぼ半分である．これらの挙動は，4.4 節で述べたものと一致している．また，小数点以下 7 桁の精度をえるには，前者の 2 つの公式では m が 1000 でも不足なのに対し，後者の 2 つの公式では 100 で十分であり，なめらかな関数に対しては高い次数の効果は大きい．

(2) J_2 に対する結果（表 4.4）

今度はどの公式でも収束は遅く，$m = 10000$ でも小数点以下 7 桁の精度はえられない．なお，h が小さいときはどの公式の誤差も $h^{5/4}$ に比例する程度で，たとえば h が 1/10 になるとき，ほぼ $(1/10)^{5/4} \approx 0.0562$ 倍になっている．誤差の大きさ自体は公式により異なり，台形公式の誤差は他より大きく，Simpson

表 4.4　$J_2 = \int_0^1 \frac{5}{4} x^{\frac{1}{4}} \, dx$ に対する計算結果

基本公式	$m = 1/h$	近似値 J_{h2}	誤差 $J_2 - J_{h2}$
中点	1	1.0511205191	−0.0511205191
	10	1.0034537091	−0.0034537091
	10^2	1.0002002336	−0.0002002336
	10^3	1.0000113202	−0.0000113202
	10^4	1.0000006372	−0.0000006372
台形	1	0.6250000000	0.3750000000
	10	0.9777349863	0.0222650137
	10^2	0.9987359093	0.0012640907
	10^3	0.9999287946	0.0000712054
	10^4	0.9999959946	0.0000040054
Simpson	1	0.9090803460	0.0909196540
	10	0.9948808015	0.0051191985
	10^2	0.9997121255	0.0002878745
	10^3	0.9999838116	0.0000161884
	10^4	0.9999990897	0.0000009103
2 点 Gauss	1	1.0127431972	−0.0127431972
	10	1.0007208123	−0.0007208123
	10^2	1.0000405348	−0.0000405348
	10^3	1.0000022794	−0.0000022794
	10^4	1.0000001282	−0.0000001282

の公式の誤差は同じ m に対する中点公式や 2 点 Gauss 公式の誤差より大きい.

(3) J_3 に対する結果（表 4.5）

　この場合は変数変換の使用が望ましいが，それが面倒であれば数値積分公式を強引に使用することもありえる. その際，$x = 0$ を標本点としない中点公式や 2 点 Gauss 公式は，その是非はともかく利用できる. 他方，台形公式や Simpson の公式はそのままでは適用できないが，広義積分の定義中に現れる $\varepsilon > 0$ を h に等しくとり，用いる小区間中の最左端 $[0, h]$ での計算を省いて使用してみた（小区間数 m は実質的には $m - 1$. $m = 1$ の場合，台形公式と Simpson の公式での結果は 0 とした）. 表 4.5 に数値結果を示す.

　えられた結果を見る限り，収束はきわめて遅いが，厳密値に収束しているようである. 誤差には公式の次数による差は認められず，一見すると 2 点 Gauss 公

表 4.5　$J_3 = \int_0^1 \frac{dx}{2\sqrt{x}}$ に対する計算結果

基本公式	$m = 1/h$	近似値 J_{h3}	誤差 $J_3 - J_{h3}$
中点	1	0.7071067812	0.2928932188
	10	0.9044611799	0.0955388201
	10^2	0.9697561095	0.0302438905
	10^3	0.9904357231	0.0095642769
	10^4	0.9969755069	0.0030244931
台形	1	0	1.0000000000
	10	0.6898325329	0.3101674671
	10^2	0.9019801912	0.0980198088
	10^3	0.9690040528	0.0309959472
	10^4	0.9901982273	0.0098017727
Simpson	1	0	1.0000000000
	10	0.7987190192	0.2012809808
	10^2	0.9438224387	0.0561775613
	10^3	0.9829584163	0.0170415837
	10^4	0.9946830795	0.0053169205
2 点 Gauss	1	0.8253400619	0.1746599381
	10	0.9447188750	0.0552811250
	10^2	0.9825185665	0.0174814335
	10^3	0.9944718853	0.0055281147
	10^4	0.9982518567	0.0017481433

式がよさそうだが，総標本点数を考慮すると，中点公式と大差はない．h が小さいとき，どの公式の誤差も $h^{1/2}$ に比例する程度であり，h が $1/10$ になれば，誤差はほぼ $(1/10)^{1/2} \approx 0.316$ 倍になっている．このような強引な手法の使用は，理論上の精度のみならず計算機誤差の観点からも避けるべきだが，粗い近似値は求められそうである．

4.7　数値積分に関する補足

　本章では数値積分の原理と，ごく基本的な数値積分公式の紹介，数値例を与えた．実際に数値積分を必要とする場合，1 変数関数の定積分については，過去の研究成果に基づく良質な数学ソフトウェアを使用すれば，前節の J_2, J_3 のように積分の端点で被積分関数やその導関数が発散するなどの特異性がある場合も含

め，多くの場合は一応の結果がえられる．その際，適切な変数変換が必要な場合も，多くはソフトウェアが自動的に処理してくれる．

　数値積分法への日本からの寄与としては，2重指数関数型数値積分公式が典型例として挙げられる [3, 6]．これは，高橋秀俊により基本アイデアが提出され，森正武やその後継者らにより発展，精密化されたものであり，その有効性は，理論的にも経験的にも裏付けられている．この手法では，式 (4.10) のような通常の定積分（時には広義積分）を2重指数関数型変換と呼ばれる変数変換により無限区間での広義積分に置きかえ，それに対して単純な複合台形則（中点則や区分求積法でも実質上は同じ）を有限項で打ち切ったものを使用する．その原理を大まかにいうと，変換後の被積分関数は無限遠で急速に0に収束するように選ばれるため，変数の平行移動はほとんど結果に影響を与えず，前記のような単純な公式の方がかえって有効なことにある．ちなみに，なめらかな周期関数の周期上での積分は，同じような理由で高精度の結果を与える．

　しかし，一般の集合上での多変数関数の積分については課題が多い [6]．ただし，長方形や直方体上での積分は，累次積分を利用すれば1変数関数の数値積分法が適用できるし，同じ次数で標本点のより少ない公式も導かれている．また，有限要素法などで必要な三角形や四面体上の数値積分公式については具体例がかなり知られている [1, 7]．特に，台形則に相当するのは頂点での値を用いた公式であり，中点則には重心での値を用いた1点公式が該当し，いずれも次数1である．さらに，2次の公式は，三角形では辺の中点，四面体では頂点と対面の重心を結ぶ直線上に標本点を配した公式が手計算でもえられる．その際，標本点や重みの対称性を利用して導くとよい．

参 考 文 献

[1] 菊地文雄，齊藤宣一，『数値解析の原理　現象の解明をめざして』，岩波書店，2016.

[2] 山本哲朗，『数値解析入門 [増訂版]』，サイエンス社，2003.

[3] 森正武，『数値解析　第2版』，共立出版，2002.

[4] Davis, P.J. and Rabinowitz, P., *Methods of Numerical Integration*, 2nd ed., Dover, 2007.

[5] Isaacson, E. and Keller, H.B., *Analysis of Numerical Methods*, Dover, 1994.

[6] 杉原正顯，室田一雄，『数値計算法の数理』，岩波書店，1994.

[7] Zienkiewicz, O.C., Taylor, R.L. and Zhu, J.Z., *The Finite Element Method: Its Basis and Fundamentals*, 7th edn., Elsevier Butterworth-Heinemann, 2013.

第5章　常微分方程式の初期値問題

　本章では，常微分方程式の初期値問題について，基本的な計算法と問題点を解説する．数値解法としては，主に1段法を扱い，連立常微分方程式（常微分方程式系）についても少し触れる．さらに，力学の問題などで必要な2階微分を含む常微分方程式の計算法についても概説するが，これは偏微分方程式で表される連続体力学の解析にも応用できる．

5.1　常微分方程式の初期値問題

　ここでは変数（独立変数）は1個で，通常の x ではなく，時刻を意識して t を記号に用いる．また，t の関数（従属変数）は $x = x(t)$ などで表し，しばしば $x' = dx/dt$, $x'' = d^2x/dt^2$ などの記法を用いる．

　常微分方程式とは，未知関数 x とその何階かまでの導関数や変数 t の既知関数で表される方程式で，ある区間のすべての t について等号が成立することを要求する．以下では，x の1階導関数までしか含まず，しかも x' について解けた次の形の常微分方程式（**1階正規形常微分方程式**）を扱う．

$$x'(t) = f(t, x(t)) \tag{5.1}$$

ここで $f(t, x)$ は元来は t と x に関する2変数関数だが，右辺の $f(t, x(t))$ は t の関数となり，式 (5.1) は t の恒等式であることを要求している．式 (5.1) を満たす $x(t)$ をこの常微分方程式の**解**と呼び，解を求めることを**解く**という [1, 2].

　ここでは1階正規形常微分方程式の**初期値問題**を扱う．すなわち，微分方程式だけでは解は存在しても一意とは限らない．たとえば，式 (5.1) の解 $x(t)$ に対し，ある $t = t_0$（以下 $t_0 = 0$）での x の値 x_0（**初期値**）を指定する次の問題の

場合である[1].

$$x'(t) = f(t, x(t)), \quad x(0) = x_0 \tag{5.2}$$

ただし，$x(t)$ は $t = 0$ を含むある区間で定義された未知の実数値関数，$f(t, x)$ は t と x に関するある集合上で定義された既知の実数値関数とする．

このとき，$f(t, x)$ とその定義域にいろいろ制限を課せば，解 $x(t)$ は少なくとも $t = 0$, $x = x_0$ の十分近くでは一意に存在することが知られている [1]．この問題を具体的に解く方法としては**求積法**があるが [1]，その適用範囲は限定されるので，多くの場合は数値解法を用いることになる．

5.2　1　段　法

以下では，式 (5.1) を数値的に解く手法として，最も基本的な 1 段法と呼ばれる手法の代表例を示す．ここでは，$t \geq 0$ に対して解 $x(t)$ に対する**近似解**を求める．t を連続的に変化させて近似解を定めるのは難しいので，$h > 0$ を定め $t_{i+1} - t_i \equiv h$（等間隔）として，$t_i = ih$（$i = 0, 1, 2, \ldots; t_i \leq T$）（$T$ は正定数）での $x(t_i)$ の近似値 X_i を求めよう．なお，t_i は等間隔に配置したが，解の変化が激しい部分では，等間隔でないほうが有利な場合もある．

初期値問題では，$x(0) = x_0$ が与えられているので，$X_0 = x_0$ として順次 X_1, $X_2, \ldots$ を求めていくのは自然である．X_{i+1} の決定に，直接には X_i（および f, h など）の情報だけを用いる方法を**1 段法**という．それ以前の X_{i-1} などの情報は，X_i を通して間接的に反映される．なお，直接に X_{i-1} の情報も用いる手法は**2 段法**といい，より一般には**多段法**と呼ぶ．

代表的な 1 段法は，$F(t, x; h)$ を t, x, h の関数として次の形をとる．

$$X_0 = x_0, \; X_{i+1} = X_i + hF(t_i, X_i; h) \quad (i \geq 0) \tag{5.3}$$

F は f をもとにして定めるが，f とは一応別の関数である．F の選び方により，各種の解法，あるいは公式がえられる [2–6]．なお，$F(t, x; h)$ の t, x に関する定義域は $f(t, x)$ のそれより狭くないことが望ましい．

次に与えるのは，1 段法の見掛け上の精度を示す指標である [2, 6]．

定義 5.1　式 (5.3) の第 2 式を h で割ったものに，解 $x(t)$ の t_i, t_{i+1} での厳密値

---

[1] それでも解が 1 つに定まらない例は存在する [1, 2].

x_i, x_{i+1} を代入した残差を**局所打ち切り誤差**という．すなわち，

$$\tau_i(h) = \frac{x_{i+1} - x_i}{h} - F(t_i, x_i; h) \quad (i \geq 0) \tag{5.4}$$

この量は，手法の形式的な精度の見積もりに利用され，適当な条件下では実際の近似精度にほぼ比例する [2, 6]．関連して**公式の次数**を導入しておく．

定義 5.2　ある実数 m に対し，$\tau(h) = \max_{i;\, t_i+h \leq T} |\tau_i(h)| \leq Ch^m$（$C$ は正定数）のとき，（少なくとも）m 次（あるいは**次数** m）の公式と呼ぶ．m は通常 1 以上の整数だが，非整数の場合もありえるし，無意味な公式では 0 にもなる．

以下に一段法の典型例を与える（$x_i = x(t_i)$, $x_{i+1} = x(t_{i+1})$, $x_i' = x'(t_i)$ など）．

1.（前進）Euler（オイラー）法　最も基本的な方法で，F を f 自身に選ぶ．

$$F(t, x; h) = f(t, x) \quad (h \text{ には依存しない}) \tag{5.5}$$

すなわち，$X_0 = x_0$ とした上で，次のように順々に計算する．

$$k_1 = F(t_i, X_i; h) = f(t_i, X_i), \ \ X_{i+1} = X_i + hf(t_i, X_i) = X_i + hk_1 \quad (i \geq 0) \tag{5.6}$$

Euler 法は，少なくとも 1 次の公式である．それは，f がなめらかなら解 $x(t)$ もなめらかで，Taylor の公式より [7]，$x_{i+1} = x_i + hx_i' + h^2 x''(t_i + \theta h)/2 \ (0 < \theta < 1)$ だが，$x_i' = f(t_i, x_i) = F(t_i, x_i; h)$ より次式が成立するからである．

$$\tau_i(h) = \frac{x_{i+1} - x_i}{h} - F(t_i, x_i; h) = \frac{h}{2} x''(t_i + \theta h) = O(h) \tag{5.7}$$

2. Heun（ホイン）法（少なくとも 2 次の公式）　次の k_1 と k_2 を用いる：

$$k_1 = f(t, x), \ \ k_2 = f(t + hk_1); \quad F(t, x; h) = \frac{1}{2}(k_1 + k_2) \tag{5.8}$$

k_1 は Euler 法の k_1 に対応しているが，$i \geq 1$ では具体的な値は異なりえる．

3. 修正 Euler 法（少なくとも 2 次の公式）　k_2 と F が Heun 法と異なる．

$$k_1 = f(t, x), \ \ k_2 = f(t + \frac{h}{2}, x + \frac{h}{2}k_1); \quad F(t, x; h) = k_2 \tag{5.9}$$

k_2 は $t^* = t + h/2$ での $f(t^*, x(t^*))$ の近似値と見なせる．

4. Runge–Kutta（ルンゲ・クッタ）**法**　最も広く用いられる方法の 1 つ．少なくとも 4 次の公式で精度がよい [2, 6]．

$$\begin{cases} k_1 = f(t,x), \ \ k_2 = f(t + \dfrac{h}{2}, x + \dfrac{h}{2}k_1) \\[2mm] k_3 = f(t + \dfrac{h}{2}, x + \dfrac{h}{2}k_2), \ \ k_4 = f(t + h, x + hk_3) \\[2mm] F(t,x;h) = \dfrac{1}{6}(k_1 + 2k_2 + 2k_3 + k_4) \end{cases} \tag{5.10}$$

f が t のみの関数ならば，Simpson の公式による $f(t)$ の数値積分になる（4.4 節）．

1 段法の他の例としては，いわゆる陰的な方法もある．すなわち，$F(t,x,y;h)$ を与えられた関数として次のようにして近似解を求める．

$$X_0 = x_0, \quad X_{i+1} = X_i + hF(t, X_i, X_{i+1}; h) \tag{5.11}$$

この場合は X_{i+1} について解けるかがまず問題になり，そこでも数値解法が必要になることが多い．基本的な例として次の**後進 Euler 法**を挙げておく．

$$X_0 = x_0, \quad X_{i+1} = X_i + hf(t, X_{i+1}) \tag{5.12}$$

5.3　連 立 の 場 合

ベクトル記法を用いれば，単独の正規形を連立に拡張することは容易である．すなわち，$\boldsymbol{x}, \boldsymbol{f}$ などで n 次元ベクトルを表せば，初期値問題の近似方程式は

$$\boldsymbol{x}'(t) = \boldsymbol{f}(t, \boldsymbol{x}(t)), \quad \boldsymbol{x}(0) = \boldsymbol{x}_0 \tag{5.13}$$

となり，たとえば前進 Euler 法は次式で与えられる．

$$\boldsymbol{X}_{i+1} = \boldsymbol{X}_i + h\boldsymbol{f}(t, \boldsymbol{X}_i), \quad \boldsymbol{X}_0 = \boldsymbol{x}_0 \tag{5.14}$$

ただし，連立の場合は未知関数が複数のため，計算する未知関数の順序や $\boldsymbol{F}(t, \boldsymbol{x}; h)$ の選び方にいろいろ工夫の余地がある [6]．

5.4　スティッフな系

スティッフ（stiff, 剛）な系の定義は確定していないが，大まかな意味は次のとおりである [4]．すなわち，問題と解法によっては，実用的範囲をこえて極端に h を小さくとらないと妥当な結果がえられないことがある．特に時定数や半減期に大差がある常微分方程式が混在する系ではそうであり，この種の数値的に扱いにくい微分方程式をスティッフな系と呼ぶようである（このような系の近似については文献 [6] などを参照）．なお，動的問題に対する偏微分方程式の差分近似や有限要素近似ではスティッフな常微分方程式系がしばしば現れる [2]．

例として λ を絶対値の大きな数に対し，$x' = \lambda x$, $x(0) = 1$ を考えると，厳密解は $x(t) = \exp(\lambda x)$ となる．これを前進 Euler 法で解くと，$X_i = (1 + \lambda h)^i$ となり，$\lambda \geq 0$ では精度はともかく変なことは起こらないが[2]，$\lambda < 0$ では $h < -1/\lambda$ でないと厳密解には現れない数値的な振動が現れる[3]．他方，後進 Euler 法ではこの場合は X_{i+1} について容易に解け $X_i = 1/(1 - \lambda h)^i$ となり，$\lambda < 0$ なら精度はともかく定性的には妥当な結果となる．

5.5　2 階の微分方程式

古典力学における Newton の第 2 法則（質点に働く外力は加速度と質量の積に等しい）では，質点の位置 x の時刻 t に関する 2 階導関数である加速度が現れる．したがって，質点の運動を数値計算する際には，2 階導関数の近似法が重要である．一つの方法は直接に 2 階導関数を近似する方法であり，いま一つは位置の 1 階導関数である速度 $y = x'$ を未知関数に加えることである．未知関数は増えるが単純な関係式であり，いろいろ工夫の余地もある．ここでは，固体力学分野で用いられる代表的手法である **Newmark**（ニューマーク）の β 法をも含め，いくつかの手法を紹介する．以下，単振動の微分方程式の初期値問題 $x'' + x = 0$, $x(0) = x_0$, $x'(0) = y_0$ を例として説明する．なお，解は $x(t) = x_0 \cos t + y_0 \sin t$ である．

まず**中心差分法**では，x'' を $t = ih$ における 2 階中心差分商 $(X_{i+1} - 2X_i + X_{i-1})/h^2$ で，$x'(0)$ を平均変化率 $(X_1 - x_0)/h$ で近似して，次式をえる [2]．

---

[2] ただし，h があまり小さいと例 1.3 のようなことが起こる．
[3] Heun 法と修正 Euler 法では $X_i = (1 + \lambda h + \lambda^2 h^2/2)^i$ となり，同様な現象が起こりえる．

$$\frac{X_{i+1} - 2X_i + X_{i-1}}{h^2} + X_i = 0 \ (i \geq 1), \quad X_0 = x_0, \quad X_1 = x_0 + hy_0 \tag{5.15}$$

これは 2 段法と見なせる．この方法では初期条件の近似から X_0, X_1 が定まるので，あとは $i = 1, 2, \ldots$ の順に計算を進めていけばよい．ただし，このままだと X_1 の精度はあまりよくないので，Taylor の公式 $x_1 \fallingdotseq x_0 + hy_0 + \frac{h^2}{2}x_0''$ と $x_0'' = -x_0$ を用いた次式も利用でき，この方が精度はよい [2]．

$$X_1 = x_0 + hy_0 + \frac{h^2}{2}x''(0) = x_0 + hy_0 - \frac{h^2}{2}x_0 \tag{5.16}$$

2 段法の例はほかにもいろいろ考えられ，特に外力や減衰項を加えた場合には様々な手法が可能である．

別の処理法の一つでは，未知関数 $y = x'$ を導入し，1 段法で次の 1 階連立常微分方程式の初期値問題として解く．

$$x'(t) = y(t), \ y'(t) = -x(t); \quad x(0) = x_0, \ y(0) = y_0 \tag{5.17}$$

この手法は，より高階の微分方程式にも容易に適用できる．

まず式 (5.17) に Euler 法を適用すると，$X_{i+1} = X_i + hY_i$, $Y_{i+1} = Y_i - hX_i$; $X_0 = x_0$, $Y_0 = y_0$ となるが，第 1 式から従う $Y_i = (X_{i+1} - X_i)/h$ と $Y_{i-1} = (X_i - X_{i-1})/h$ を，第 2 式を $i-1$ で考えた $Y_i = Y_{i-1} - hX_{i-1}$ に代入し整理すれば，

$$\begin{cases} \dfrac{X_{i+1} - 2X_i + X_{i-1}}{h^2} + X_{i-1} = 0, \quad (i \geq 1) \\ X_0 = x_0, \ X_1 = X_0 + hY_0 = x_0 + hy_0 \end{cases} \tag{5.18}$$

という 2 段法をえる．しかし，これはあまり精度がよくないので，Heun 法（修正 Euler 法でも同じ）を適用すれば次式が導かれる．

$$X_{i+1} = X_i + h(Y_i - \frac{h}{2}X_i), \ Y_{i+1} = Y_i - h(X_i + \frac{h}{2}Y_i); \quad X_0 = x_0, \ Y_0 = y_0 \tag{5.19}$$

式 (5.18) を導いたのと同様な計算で，式 (5.15), (5.16) に似た次の 2 段法表示をえる．

$$\begin{cases} \dfrac{X_{i+1} - 2X_i + X_{i-1}}{h^2} + X_i + \dfrac{h^2}{4}X_{i-1} = 0, \quad (i \geq 1) \\[3mm] X_0 = x_0, \quad X_1 = X_0 + hY_0 - \dfrac{h^2}{2}X_0 = x_0 + hy_0 - \dfrac{h^2}{2}x_0 \end{cases} \tag{5.20}$$

次に Newmark の β 法では [8]，$y' = -x$ を $y_{i+1} \fallingdotseq y_i - h(x_i + x_{i+1})/2$ を参考にして次のように近似する．

$$Y_{i+1} = Y_i - h(X_i + X_{i+1})/2, \quad Y_0 = y_0 \tag{5.21}$$

他方 $x' = y$ は，パラメーター β を用いて $x_{i+1} - x_i \fallingdotseq hx'_i + x''_i h^2(1/2 - \beta) + x''_{i+1}h^2\beta = hy_i - x_i h^2(1/2 - \beta) - x_{i+1}h^2\beta$ と近似すれば次のようになる．

$$X_{i+1} = X_i + hY_i - X_i h^2(1/2 - \beta) - X_{i+1}h^2\beta, \quad X_0 = x_0 \tag{5.22}$$

これは1段法だが，先と同様に次の2段法に変換でき，$\beta = 0$ なら式 (5.15)，(5.16) の中心差分法に一致する（β 法と呼ぶときは，主に $\beta = 1/4$ か $1/6$ を使用）．

$$\begin{cases} (\dfrac{1}{h^2} + \beta)(X_{i+1} - 2X_i + X_{i-1}) + X_i = 0 \quad (i \geq 1), \\[3mm] X_0 = x_0, \quad X_1 = [\{1 - (\tfrac{1}{2} - \beta)h^2\}x_0 + hy_0]/(1 + \beta h^2) \end{cases} \tag{5.23}$$

β の効果を見るため[4]，式 (5.21) からえられる $Y_i = (Y_i + Y_{i+1})/2 + (Y_i - Y_{i+1})/2 = (Y_i + Y_{i+1})/2 + h(X_{i+1} + X_i)/4$ を式 (5.22) に代入すれば，次のようになる．

$$X_{i+1} - X_i = h(Y_i + Y_{i+1})/2 + (\dfrac{1}{4} - \beta)h^2(X_{i+1} - X_i) \tag{5.24}$$

この式の両辺に $X_{i+1} + X_i$ をかけたものと，式 (5.21) を $Y_{i+1} - Y_i = -h(X_i + X_{i+1})/2$ に変形し両辺に $Y_{i+1} + Y_i$ をかけたものとの和をとると，$X_{i+1}^2 + Y_{i+1}^2 = X_i^2 + Y_i^2 + (1/4 - \beta)h^2(X_{i+1}^2 - X_i^2)$，あるいは次の保存則をえる．

$$\{1 + (\beta - \dfrac{1}{4})h^2\}X_i^2 + Y_i^2 = \{1 + (\beta - \dfrac{1}{4})h^2\}x_0^2 + y_0^2 \tag{5.25}$$

本式から，β 法は $1 + (\beta - 1/4)h^2 > 0$ でないと無意味であり，$\beta < 1/4$ なら $h^2 < 1/(1/4 - \beta)$ が要求される．近似解はこの楕円周上にあり，特に $\beta = 1/4$ では円周上にあって，もとの方程式での力学的エネルギー保存則 $x(t)^2 + y(t)^2 = $

---

[4] 以下，式 (5.25) 以外はやや専門的な内容．

$x_0^2 + y_0^2$ が再現される.

なお，β を含む x_{i+1} の近似式の意味だが，1次補間式 $x''(t) \fallingdotseq x_i'' + (t - t_i)(x_{i+1}''$ $- x_i'')/(t_{i+1} - t_i)$ を一般化した近似 $x''(t) \fallingdotseq x_i'' + \beta(t - t_i)(x_{i+1}'' - x_i'')$ を $x_{i+1} =$ $x_i + hx_i' + \int_{t_i}^{t_{i+1}} (t_{i+1} - t)x''(t)\,dt$ [7] に代入し積分すれば，式 (5.22) に相当する式に到達する．$\beta = 1/6$ では $x_{i+1} \fallingdotseq x_i + hx_i' + h^2 x_i''/2 + h^2(x_{i+1}'' - x_i'')/6$ という近似がなされているが，$x_{i+1}'' - x_i'' \fallingdotseq hx'''$ なので，ちょうど3次の Taylor 多項式がえられ，見かけ上の精度は $\beta = 1/6$ がよい．しかし，先に述べた理由から $\beta = 1/4$ も用いられるが，いずれの場合も位相の誤差は避けられない．

5.6 数 値 例

例 5.1 まず，5.4節で示した前進 Euler 法の例を実際に計算してみる．ここでは $\lambda = -15$，$h = 0.1$ と選び，$t = 0$ から $t = 1$ までを厳密解とともに図 5.1 示す．実際にはありえない振動や負の値が現れている．これは，$(1 - 15h)^i$ $(1 \le i \le 10)$ を計算しているので，$h = 0.1$ では $1 - 15h = -0.5 < 0$ となるためである．h を

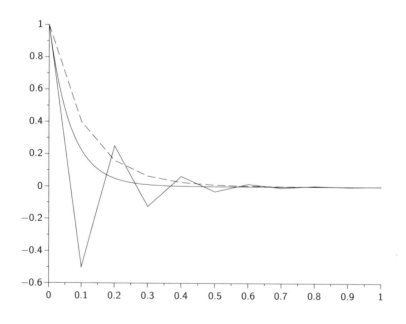

図 5.1 Euler 法による $dx/dt = -\lambda x$ の計算例と厳密解

表 5.1　Newwark の β 法による計算結果 ($\beta = 0, 1/4, 1/6$)

h	β	X_n	Y_n	E_1	E_2
$2\pi/10$	0	0.9941484	-0.1025534	1	0.9988483
	1/6	0.9951075	0.0971593	1	0.9996789
	1/4	0.9809954	0.1940308	1	1
$2\pi/100$	0	0.9999995	-0.0010335	1	1
	1/6	0.9999995	0.0010329	1	1
	1/4	0.9999979	0.0020659	1	1
$2\pi/1000$	0	1	-0.0000103	1	1
	1/6	1	0.0000103	1	1
	1/4	1	0.0000207	1	1

小さくしていけば次第に厳密解に近づくが，ある意味，無駄な努力といえる．他方，破線で示した後進 Euler 法では $1/(1+15h)^i$ の計算をしているので，精度はともかく定性的におかしなことは起きない．ただし，複雑な常微分方程式になると，このような方策を見いだすにも大きな努力を要する [6].

例 5.2　次に β 法で $\beta = 0, 1/6, 1/4$, $x_0 = 1$, $y_0 = 0$ に対して計算した例を与える．$t = 0$ から 2π まで $h = 2\pi/n$, $n = 10^m$ として m を変えて計算した結果中，X_n, Y_n のみを表 5.1 に示す．ただし，$E_1 = X_n^2 + Y_n^2/\{1 + (\beta - 1/4)h^2\}$（式 (5.25) の左辺を右辺で割り $x_0 = 1$, $y_0 = 0$ と置いたもの），$E_2 = X_n^2 + Y_n^2$ である．X_n を見ると，この範囲では近似解の値そのものは $\beta = 1/6$ が最も精度がよく，続いて $\beta = 0$ はほぼ同じ精度で，1/4 はそれより劣る．また，結果は省くが，位相の差も同様である．Y_n に関しては，$\beta = 1/4$ は誤差の大きさは他の倍程度だが，収束の速さは h^2 に比例する程度で他と大差はない．いずれの場合も理論どおり，数値解は式 (5.25) の楕円軌道上にあり，厳密解での円軌道に収束している．特に $\beta = 1/4$ では数値解は常に単位円周上にある．

参　考　文　献

[1] 笠原皓司，『微分方程式の基礎』，朝倉書店，1982.
[2] 菊地文雄，齊藤宣一，『数値解析の原理　現象の解明をめざして』，岩波書店，2016.
[3] 山本哲朗，『数値解析入門［増訂版］』，サイエンス社，2003.

[4] 一松信，『新数学講座 13　数値解析』，朝倉書店，1982.

[5] 森正武，『数値解析　第 2 版』，共立出版，2002.

[6] 三井斌友，小藤俊幸，『常微分方程式の解法』，共立出版，2000.

[7] 笠原皓司，『微分積分学』，サイエンス社，1974.

[8] 矢川元基，宮崎則幸，『計算力学ハンドブック』，朝倉書店，2007.

第6章 行列の固有値問題

正方行列の固有値問題は様々な分野で重要な役割を果たす．次数 n の正方行列の固有値は，特性方程式と呼ばれる次数 n の代数方程式の解として特徴付けられるが，n が 5 以上の場合には，この方程式の解を与える代数的公式は存在しない [1]．したがって，固有値を求めるには近似解法に頼らざるをえない．

考えられる 1 つの方法は，対象の行列自体にはあまり変換をせず，適当なベクトルにその行列や関連する行列を何回もかけ，ある固有ベクトルに近づけていく方法（**ベクトル反復法**）である．また，固有値と固有ベクトルが例外的に簡単に求まるのは対角行列の場合であり，ついで三角行列や三重対角行列なども比較的扱いやすい．したがって，いま一つの方法は，行列にいろいろな変換をほどこし，取り扱いやすい特殊な行列に近づけるものである（**行列変換法**）．

以下では，前者の方法として，べき乗法，逆べき乗法を解説し，後者については，いくつかの変換の例とそれに伴う解法を挙げる．また，対象とする行列は，固有空間の構造が簡単なため，理論的扱いと計算に比較的問題が少なく，応用範囲も狭くない実対称行列に限定する．

6.1 ベクトル反復法

A は n 次正方行列で実対称とする．A の**固有値問題**とは，次式を満たす数 λ と非零ベクトル x の組を求めるものである [1]．

$$Ax = \lambda x \tag{6.1}$$

このような λ が存在すれば，**固有値**と呼ばれ，対応する非零ベクトル x は**固有ベクトル**と呼ばれる．A が実対称の場合，固有値はすべて実数で，重複分にも

順に番号付けすれば，n 個存在する．それらを大きさの順に次のように書こう．

$$\lambda_1 \leq \lambda_2 \leq \cdots \leq \lambda_n \tag{6.2}$$

λ_i $(i = 1, \ldots, n)$ に対応する固有ベクトルを φ_i と書くが，いずれも実ベクトルの範囲で定められ，しかも次式が成立（**正規直交**）するように選べる．

$$(\varphi_i, \varphi_j) = \varphi_i^T \varphi_j = \delta_{ij} \quad (i, j = 1, 2, \ldots, n) \tag{6.3}$$

すなわち，線形代数の用語を借りれば，実対称行列 A は対角化可能で，固有ベクトルにより n 次元空間の正規直交基底を構成できる [1]．一般の行列では，このような性質は必ずしも期待できず，固有値問題の数値計算法には課題も多い．

6.1.1　べ　き　乗　法

べき乗法は，適当な非零ベクトル φ を用意した上で，それに A を何回もかけることをくり返し，固有ベクトルの近似を求める手法である [2]．すなわち，

$$\varphi^{(0)} = \varphi \neq \mathbf{0}; \ \ \varphi^{(k)} = A\varphi^{(k-1)} \quad (k = 1, 2, \ldots) \tag{6.4}$$

A が実対称の場合には，固有ベクトルを基底として利用でき，$A^k \varphi_i = \lambda^k \varphi_i$ と式 (6.3) より次式をえる．

$$\varphi^{(0)} = \sum_{i=1}^{n} a_i \varphi_i \ (a_i = (\varphi^{(0)}, \varphi_i)), \quad \varphi^{(k)} = A^k \varphi^{(0)} = \sum_{i=1}^{n} a_i \lambda_i^k \varphi_i \tag{6.5}$$

いま $\lambda_1, \ldots, \lambda_n$ のうちで絶対値最大のものを $\lambda_{\max}$ とおくと（具体的には λ_1 と λ_n のいずれか），$\lambda_{\max} > 0$, $|\lambda_i / \lambda_n| < 1 \ (i \neq n)$, $a_n \neq 0$ であれば，

$$\varphi^{(k)} = \lambda_n^k \sum_{i=1}^{n} \left(\frac{\lambda_i}{\lambda_n} \right)^k a_i \varphi_i = \lambda_n^k \left\{ a_n \varphi_n + \sum_{i=1}^{n-1} \left(\frac{\lambda_i}{\lambda_n} \right)^k a_i \varphi_i \right\} \tag{6.6}$$

が導かれるが，右辺の { } 内の第2項は k の増加とともに 0 に収束する．残りは $\lambda_n^k a_n \varphi_n$ で，$a_n \neq 0$ より，この部分は φ_n に比例する成分になっている．したがって，大きさと一般には符号を調節すれば，$\varphi^{(k)}$ は φ_n に収束する [2]．

べき乗法で A をかけ続けると，一般にベクトルが大きくなりすぎるか 0 に収束するので，たとえばノルム $\|\cdot\|_2$ か $\|\cdot\|_\infty$ で除すれば $\|\varphi^{(k)}\|_2 = 1$ か $\|\varphi^{(k)}\|_\infty = 1$ となり大きさがそろう．また，$\lambda_{\max} < 0 \ (\lambda_{\max} = \lambda_1)$ のときには，支配項

$a_1 \lambda_1^k \boldsymbol{\varphi}_1$ の係数の符号は毎回逆になるので，$\boldsymbol{\varphi}^{(k)}$ も向きが毎回変わってしまい，収束の様子が見づらい．1 つの対策法は，$(\boldsymbol{\varphi}^{(k-1)}, \boldsymbol{\varphi}^{(k)})$ の符号を調べ，負ならば $-\boldsymbol{\varphi}^{(k)}$ を新しい $\boldsymbol{\varphi}^{(k)}$ として向きをそろえることである [2].

他の固有ベクトルの近似を求めるには，A が実対称ならば，すでに求めた近似固有ベクトルに直交化した $\boldsymbol{\varphi}^{(0)}$ を用いれば，原理的には可能である．まず，絶対値が 2 番目の固有値に対する近似固有ベクトルが求められる．ただし，計算機誤差により直交性は崩れやすく，あまり多くの固有ベクトルは求められない．

次に求めたベクトルから固有値の近似を求めるため，$\boldsymbol{x} \neq \boldsymbol{0}$ に対し，（A に関する）**Rayleigh**（レイリー）**商**を導入する [2–4].

$$R(\boldsymbol{x}) = \frac{(A\boldsymbol{x}, \boldsymbol{x})}{(\boldsymbol{x}, \boldsymbol{x})} = R(\alpha \boldsymbol{x}) \quad (\alpha \text{ は } 0 \text{ でない任意の実数}) \tag{6.7}$$

A が実対称のとき，先に述べたように，n 個の固有ベクトルを用いて正規直交基底を作れる．このことを用いて，$R(\boldsymbol{\varphi}^{(k)})$ を計算すると結果は次のようになる（$\tau > 0$ に対し，$O(\tau)$ は τ に比例する程度の大きさを表す）．

$$R(\boldsymbol{\varphi}^{(k)}) = \frac{(A^{k+1}\boldsymbol{\varphi}, A^k\boldsymbol{\varphi})}{(A^k\boldsymbol{\varphi}, A^k\boldsymbol{\varphi})} = \lambda_n \frac{1 + \sum_{i=1}^{n-1} \left(\dfrac{a_i}{a_n}\right)^2 \left(\dfrac{\lambda_i}{\lambda_n}\right)^{2k+1}}{1 + \sum_{i=1}^{n-1} \left(\dfrac{a_i}{a_n}\right)^2 \left(\dfrac{\lambda_i}{\lambda_n}\right)^{2k}}$$

$$= \lambda_n \left(1 + O\left(\max_{1 \leq i \leq n-1} \left|\frac{\lambda_i}{\lambda_n}\right|^{2k}\right)\right) \tag{6.8}$$

したがって，λ_n との誤差は $O\left(\max_{1 \leq i \leq n-1} |\lambda_i/\lambda_n|^{2k}\right)$ となり[1]，$|\lambda_i/\lambda_n| < 1$ $(i \neq n)$ と仮定すれば，$k \to \infty$ のときに誤差は 0 に収束する．固有ベクトルの誤差は $\max_{1 \leq i \leq n-1} |\lambda_i/\lambda_n|^k$ の程度なので，収束はそれより速い（k 乗と $2k$ 乗の差に注目）．ただし，このことがいえるのは固有ベクトルの直交性による．

6.1.2 逆 べ き 乗 法

べき乗法では，基本的には絶対値最大の固有値とそれに対応する固有ベクトルの近似がえられる．また行列は不変なので，大きな問題も扱える．しかし，それ

---

[1] $(1+a)/(1+b)$ で b が微小で a はより微小ならば $(1+a)/(1+b) \approx (1+a-b-ab) \approx 1-b$.

だけでは不十分な場合も多いし，しばしば絶対値最小の固有値とそれに対応する固有ベクトルを求めたいときもある．べき乗法を工夫すれば，このような目的にもある程度は対応できる．

μ が A の固有値でないとき，$A - \mu I$（I は単位行列）は正則で次式が成立する．

$$(A - \mu I)\boldsymbol{x} = (\lambda - \mu)\boldsymbol{x} \iff (A - \mu I)^{-1}\boldsymbol{x} = (\lambda - \mu)^{-1}\boldsymbol{x} \tag{6.9}$$

すなわち，$(A - \mu I)^{-1}$ の固有値は $A - \mu I$ の固有値の逆数であり，固有ベクトルは同じである．したがって，$(A - \mu I)^{-1}$ に対しべき乗法を適用すれば，$A - \mu I$ の絶対値最小の固有値とその固有ベクトルが求められよう．μ は**シフト値**と呼ばれ，その値をいろいろ変えればシフト値に一番近い固有値を求められる．このような原理に基づくべき乗法を**逆べき乗法**と呼ぶ．特に $\mu = 0$ の場合を逆べき乗法，$\mu \neq 0$ の場合をシフト付き逆べき乗法と呼び区別することもある [2–4]．

ここで逆行列が形式的に現れたが，実際の計算では同じ係数行列の連立 1 次方程式を右辺だけ変えて繰り返し解けばよい．固有値の近似値としては A に対する Rayleigh 商 $R(\cdot)$ を用いればよいが，これは $A - \mu I$ に対する Rayleigh 商に μ を足したものに等しい．えられた近似固有値が何番目のものかの判定法については，[5] などを参照されたい．

6.2　行　列　変　換　法

まず**直交行列**の概念を説明する [1]．P が直交行列とは，A と同じ次数の実正方行列で，次式を満たすことである．

$$P^T P = PP^T = I \tag{6.10}$$

ここで T は行列の転置を表す．この式は $P^{-1} = P^T$ であることも示している．

$A\boldsymbol{x} = \lambda\boldsymbol{x}$ で $\boldsymbol{x} = P\boldsymbol{y}$ とおき上式に代入し，左から P^T をかければ

$$P^T AP\boldsymbol{y} = \lambda P^T P\boldsymbol{y} = \lambda\boldsymbol{y} \tag{6.11}$$

となるが，$P^T AP$ も実対称で固有値は A と同じである．よって，P をうまく選び A より簡単な形に変換できれば数値計算上有効と考えられる．ただ，変換を繰り返す必要があるので，大次数の行列を扱うには工夫がいる．

6.2.1　Jacobi 法

Jacobi（ヤコビ）**法**は計算時間はかかるが，A の次数 n が小さいときは，かなり有効で，計算機誤差にも強いとされている [4]．そのアイデアは直観的にわかりやすく，平面内の回転を表す 2 次正方行列を n 次 $(n \geq 2)$ に拡大した行列で P（Jacobi 行列とも呼び直交行列）をうまく選び，A から新しい実対称行列

$$B = P^T A P \tag{6.12}$$

を求め，B の非対角成分が A のそれに比較し小さくなるようにする．多くの場合，完全に対角行列にすることは不可能であるが，組織的に何度もこのような操作をくり返すと，対角行列に十分近くすることはできる．B の固有値は A と同一で，固有ベクトルは A の固有ベクトルに P^T を乗じたものになる [1, 2]．

P の具体形は，$1 \leq p < q \leq n$ $(n \geq 2)$，θ は適当な角度として，単位行列（恒等行列）の次の部分のみを変更したもので，直交行列になる．

$$\begin{bmatrix} (p,p) \text{ 成分} & (p,q) \text{ 成分} \\ (q,p) \text{ 成分} & (q,q) \text{ 成分} \end{bmatrix} = \begin{bmatrix} \cos \theta & \sin \theta \\ -\sin \theta & \cos \theta \end{bmatrix} \tag{6.13}$$

特に θ をうまく選べば，B の (p,q) 成分 $= (q,p)$ 成分は 0 になる．ただし，それまで 0 だった成分が非零になる可能性があるが，回転行列を次々に求めて絶対値最大の非零成分を 0 にすることをモグラたたきのように繰り返すと，対角行列に近づき，その対角成分が近似固有値となる．直交行列の積も直交行列であることと，対角行列の固有ベクトルは単位ベクトルであることに注意すれば，A の近似固有ベクトルは，次々に用いた回転行列を逆の順序で単位ベクトルに乗ずればえられる [2]．

回転行列を用いる方法には，他に **Givens**（ギブンス）**法**があり，この方法では有限回の操作で，対角成分とその上下（左右）成分以外はすべて 0 という，三重対角行列に変換する．この操作は，計算機誤差がなければ，有限回で完了できる．その固有値，したがってもとの A の固有値は，たとえば 2 分法で求める [4]．また，また固有ベクトルについては，先にえられている近似固有値をシフト値に選んだ逆反復法を直接 A に施してもよく，それにより固有値の近似精度もさらに向上できる．Givens 法は Jacobi 法の変形とも見なせるが，変換後の計算は比較的楽なので，Jacobi 法より計算時間は短くてすむ [3, 4]．

6.2.2　Householder 法

Householder（ハウスホルダー）**法**では n 次元列ベクトル $\boldsymbol{w} \neq \boldsymbol{0}$ を指定して P を次のように選ぶ.

$$P = I - 2\frac{\boldsymbol{w}\boldsymbol{w}^T}{\boldsymbol{w}^T\boldsymbol{w}} \tag{6.14}$$

この P は直交行列で，さらに $P^T = P$ である．任意のベクトル $\boldsymbol{x}$ について，$P\boldsymbol{x}$ は直線 $\boldsymbol{w}$ に直交する（超）平面に関する鏡映（鏡像）を与える．

この形の変換を A に応じて $\boldsymbol{w}$ をうまく選び，同様な操作を $n-2$ 回繰り返せば，3 重対角行列に変換できる．後の操作は Givens 法と同様だが，Givens 法よりも変換の回数が少ないので計算時間はさらに短くてすむ [3].

6.3　一般固有値問題への拡張

今，n 次実対称行列 A のほかに，正定値の n 次実対称行列 B を導入し，次のような固有値問題を考える（$\boldsymbol{x} \neq \boldsymbol{0}$ が固有ベクトル，λ が固有値）.

$$A\boldsymbol{x} = \lambda B\boldsymbol{x} \tag{6.15}$$

この形の固有値問題を**一般（化）固有値問題**といい，様々な分野に現れる．区別が必要なら，$A\boldsymbol{x} = \lambda\boldsymbol{x}$ は**標準固有値問題**と呼ぶ.

3.3.2 項で述べたように，実対称で正定値な B を用いれば，n 次元ユークリッド空間での本来の内積 $(\boldsymbol{x}, \boldsymbol{y}) = \boldsymbol{x}^T\boldsymbol{y}$ $(\boldsymbol{x}, \boldsymbol{y} \in \mathbb{R}^n)$ に加え，次の内積を導入できる：$(B\boldsymbol{x}, \boldsymbol{y}) = \boldsymbol{x}^T B\boldsymbol{y} = \boldsymbol{y}^T B\boldsymbol{x} = (B\boldsymbol{y}, \boldsymbol{x})$. 一般固有値問題 (6.15) については，直交，正規直交などをこの内積に関するものと解釈すれば，固有値，固有ベクトル，Rayleigh 商について，標準固有値問題に類似した性質が成り立つ．特に逆べき乗法では，μ をシフト値として次の形で扱う.

$$(A - \mu I)\boldsymbol{x} = (\lambda - \mu)B\boldsymbol{x} \tag{6.16}$$

この場合の基本的な計算は，適当な非零ベクトル $\boldsymbol{\varphi}$ に B をかけ，さらに連立 1 次方程式 $(A - \mu I)\boldsymbol{\psi} = B\boldsymbol{\varphi}$ を $\boldsymbol{\psi}$ について解くことである．さらに，逆べき乗法を複数のベクトルに同時に適用して，1 度に複数の固有対を求めるサブスペース法などの手法については，文献 [5] などを参照されたい.

6.4 数 値 例

例 6.1 Jacobi 法と逆べき乗法を組み合わせ，次の行列の固有値と固有ベクトルを求めよう．

$$
\begin{bmatrix}
5 & -4 & 1 & 0 & 0 \\
-4 & 6 & -4 & 1 & 0 \\
1 & -4 & 6 & -4 & 1 \\
0 & 1 & -4 & 6 & -4 \\
0 & 0 & 1 & -4 & 5
\end{bmatrix}
$$

固有ベクトルはユークリッド・ノルムを 1 にして表示すれば，$\sin((ij\pi)/6)/\sqrt{3}$ $(1 \leq i, j \leq 5)$ となる．ただし，i は固有ベクトルの番号，j は各ベクトルの成分の番号であり，対応する固有値は，小さい方から $7 - 4\sqrt{3} \approx 0.0717968$，1，4，9，$7 + 4\sqrt{3} \approx 13.928203$ である．

Jacobi 法で 12 回反復後の対角成分は，約 0.0800013，1.0181536，3.9868247，9.0189926，13.896028 であり，厳密な固有値にかなり近づいているが，十分とはいえない．固有ベクトルの近似の方は，最終変形後の A に，変形に用いた回転行列を逆の順番にかけていけば求まるが [2]，ここでは逆反復法を用いた．

すなわち，先の対角成分をシフト値に選び，反復の初期ベクトルの成分には一様（疑似）乱数を用いて，5 回ほど反復してみた．その結果，反復 3 回目で先の厳密な固有値と表示桁の範囲で完全に一致した．なお，近似固有値が厳密な固有値に近すぎると，行列 $A - \mu I$ がほとんど特異になり，計算が不安定になるが，ここではシフト値は固有値から適度に離れており，計算は倍精度で実施したので，そのようなことは起こらなかった．

固有ベクトルの方は，5 回の反復後には小数点以下 7 桁まで厳密解と一致したが，3 回の反復では，たとえば固有値 1 に対する固有ベクトルでは，[0.5000351 0.5000645 0.0000766 −0.4999354 −0.4999649]^T となり，厳密な固有ベクトル [0.5 0.5 0 −0.5 −0.5]^T と比べ多少の誤差がある．その理由は 6.1.1 項で説明したとおりである．

参 考 文 献

[1] 齋藤正彦，『齋藤正彦 線型代数学』，東京図書，2014.

[2] 菊地文雄，齊藤宣一，『数値解析の原理　現象の解明をめざして』，岩波書店，2016.

[3] 一松信，『新数学講座 13　数値解析』，朝倉書店，1982.

[4] 山本哲朗，『数値解析入門 [増訂版]』，サイエンス社，2003.

[5] Bathe, K.-J., *Finite Element Procedures*, Prentice Hall, 1995.

第 **7** 章　差分法と有限要素法の基礎

　微分方程式は，様々な現象の基本法則の記述に用いられるという点で重要である．そして，法則に現れる関数の変数が 2 以上だと，偏微分方程式になることが多い．ここでは，そのような偏微分方程式を数値的に解く手段としての差分法と有限要素法の基礎を解説する．

7.1　偏微分方程式

　差分法や有限要素法で扱う**偏微分方程式**の基本的な例を単独の方程式の範囲でいくつか挙げよう．以下，空間変数は x や y，時刻は t で，未知関数は u で表す．また，f は既知関数（自由項）であるが，しばしば 0 の場合を考える．また，実際の方程式に現れる様々な物理定数はここでは簡略化して 1 としている．付帯条件として，**初期条件**や**境界条件**が現れることがある．

1. 1 階の波動方程式
　無限区間での初期値問題あるいは有界区間での初期値・境界値問題が基本である．ここでは 1 方向の波動伝播を記述する．

$$\partial u/\partial t = -\partial u/\partial x \tag{7.1}$$

初期値問題では，初期関数を $\varphi(x)$ としたとき，解は $u(x,t) = \varphi(x - t)$ と表され，これは波形を変えずに右方向に伝播する進行波を与える．特に $u(0,t) = 0$ と境界条件を課し，$x \leq 0$ で $\varphi(x) \equiv 0$ とすれば，初期値問題での解を有界区間に制限したものが初期値・境界値問題の解になる．なお，この方程式では区間の右端で境界条件を課すことは無意味である．

2.（非定常の）熱方程式

初期値問題または初期値・境界値問題が基本.

$$\partial u/\partial t = \partial^2 u/\partial x^2 + f \tag{7.2}$$

3.（2 階の）波動方程式

初期値問題または初期値・境界値問題が基本で，初期値は位置 u と速度 $\partial u/\partial t$ に課され．加速度と力の関係は Newton の第 2 法則に基づく.

$$\partial^2 u/\partial t^2 = \partial^2 u/\partial x^2 + f \tag{7.3}$$

4. Poisson（ポアソン）方程式

有界領域での境界値問題としての設定が基本. 特に $f \equiv 0$ のときは **Laplace**（**ラプラス**）**方程式**と呼ばれ，まとめて **Laplace–Poisson の方程式**ともいう.

$$-\Delta u = f; \quad \Delta = \partial^2/\partial x^2 + \partial^2/\partial y^2 \tag{7.4}$$

以上，1～4 は最初の例を除きいずれも 2 階の偏微分方程式であり[1]，偏微分方程式の分類では，順に双曲型，放物型，双曲型，楕円型に属す [1]. 他の代表的偏微分方程式としては，弾性論での Navier（ナヴィエ）方程式，流体力学での Navier–Stokes 方程式，量子力学での Schrödinger 方程式などが挙げられる. 注意すべきは，方程式ごとに数学的性質が異なり，それに応じ近似解法にも工夫が必要なことである.

7.2 差 分 法

差分法は，偏微分方程式に現れる偏導関数を，適当な差分商で近似して解く方法である [2]. 偏微分方程式としては，前節の 4 つを想定する.

7.2.1 差 分 商

1 変数 x の場合に，導関数を近似する**差分商**を示す. 2 変数の場合は，偏導関

---

[1] 微分方程式の**階数**とは，方程式中に現れる導関数中，最大の階数を意味する.

数の個々の変数について同様の処理をする．まず，変数 x に対する区間をたとえば閉区間 $I = [0,1]$ とし，それを小区間に等分割する[2]．すなわち，m を 2 以上の整数とし，I を m 等分し，その分点を両端 $x = 0, 1$ も含め，次のように番号付けする．

$$x_0 = 0 < x_1 < \cdots < x_i = \frac{i}{m} = ih < x_{i+1} < \cdots < x_m = 1; \quad h = 1/m \quad (7.5)$$

差分法では，これらの分点を**格子点**など，$h = 1/m$ を**格子間隔**などと呼ぶ．以下，$u(x_i)$ の値，あるいはその近似値を考えるが，しばしば，ともに記号 u_i ($0 \le i \le m$) で表す．区別が必要なときには，$u(x_i)$ には u_i を，近似値には U_i などを用いる．

差分法による微分方程式の近似で最も問題になるのは，格子点での導関数値（微分係数）を $\{u_i\}_{0 \le i \le m}$ を用いてどのように近似するかである．そこで，点 x における 1 階の微分係数（微係数）の定義，すなわち平均変化率（平均勾配）の極限を思い出そう．

$$\frac{du}{dx}(x) = \lim_{a \to 0,\, a \neq 0} \frac{u(x+a) - u(a)}{a} \quad (7.6)$$

いま，0 に収束させる数 a を，先に定義した $h > 0$ もしくは $-h$ に置くと，h が微小ならば，次の近似関係式が期待される．

$$\frac{du}{dx}(x) \fallingdotseq \frac{u(x+h) - u(x)}{h} \quad (7.7)$$

$$\frac{du}{dx}(x) \fallingdotseq \frac{u(x-h) - u(x)}{-h} = \frac{u(x) - u(x-h)}{h} \quad (7.8)$$

これらの右辺は順に，（1 階の）**前進差分商**，**後進**（または**後退**）**差分商**と呼ばれる．さらに，この 2 つの平均として，次の（1 階）**中心差分商**がえられる．

$$\frac{du}{dx}(x) \fallingdotseq \frac{u(x+h) - u(x-h)}{2h} \quad (7.9)$$

これらの右辺に現れた差分商を特に格子点 i で考えれば，次のようになる．

---

[2] 等分割でないと，以下の取り扱いは面倒になり，差分商の近似精度も落ちる．

1 階前進差分商: $\quad \dfrac{u_{i+1} - u_i}{h} \quad (0 \le i \le m-1)$ $\qquad$ (7.10)

1 階後進（後退）差分商: $\dfrac{u_i - u_{i-1}}{h} \quad (1 \le i \le m)$ $\qquad$ (7.11)

1 階中心差分商: $\quad \dfrac{u_{i+1} - u_{i-1}}{2h} \quad (1 \le i \le m-1)$ $\qquad$ (7.12)

$d^2u/dx^2(x_i)$ の近似は少し難しいが,

$$\frac{du}{dx}\left(x_i + \tfrac{h}{2}\right) \fallingdotseq \frac{u(x_i + h) - u(x_i)}{h}, \quad \frac{du}{dx}\left(x_i - \tfrac{h}{2}\right) \fallingdotseq \frac{u(x_i) - u(x_{i-1})}{h} \tag{7.13}$$

および,

$$\frac{d^2u}{dx^2}(x_i) \fallingdotseq \frac{\dfrac{du}{dx}\left(x_i + \tfrac{h}{2}\right) - \dfrac{du}{dx}\left(x_i - \tfrac{h}{2}\right)}{h} \tag{7.14}$$

に注意すると, 次の近似（**2 階中心差分商**）が考えられる.

$$\frac{\dfrac{u_{i+1} - u_i}{h} - \dfrac{u_i - u_{i-1}}{h}}{h} = \frac{u_{i+1} - 2u_i + u_{i-1}}{h^2} \tag{7.15}$$

これらが実際に x_i での導関数の近似になることは, 式 (5.7) と同様に確認できる.

7.2.2　差分近似方程式の例

以上を利用して, 7.1 節で提示した方程式の差分近似方程式の具体例を求めよう. 以下, 空間領域の境界での条件（境界条件）はいずれの場合も $u = 0$ とする.

1. 1 階波動方程式

すでに示した境界条件と初期条件のもとで, 差分近似方程式を提示する. h, k を順に空間方向, 時間方向の格子間隔とし, $u(ih, jk)$ の近似を $u_{i,j}$ と記し, $\partial u/\partial t$ には前進差分商を, $\partial u/\partial x$ には後進差分商を用いれば, 次の差分近似方程式がえられる ($1 \le i \le m, j \ge 0$).

$$\frac{u_{i,j+1} - u_{i,j}}{k} = -\frac{u_{i,j} - u_{i-1,j}}{h}; \quad u_{0,j} = 0, \ u_{i,0} = \varphi_i := \varphi(ih) \tag{7.16}$$

上記の差分商の選び方にはいろいろ理由があり, 他にも様々な近似法が提案さ

れている [2]. ただ, $k = h$ のとき, $u_{i,j+1} = u_{i-1,j} = \varphi_{i-j-1}$ となり, 格子点で厳密解と一致することを注意しておく. なお, 微分方程式の右辺の符号を逆にした場合は, 境界条件は右端で課すことになり, 解は左方向の進行波を表し, $\partial u/\partial x$ の近似には前進差分商を用いる. このような差分商の選び方 (**片側差分近似**) は, **上流近似**, または**風上近似**と呼ばれる.

2. 熱方程式

初期値・境界値問題で $f \equiv 0$ とし, 時間方向格子間隔を $k > 0$ とするが, $k = h$ なる選択はしばしば無意味である (7.4 節). $\partial u/\partial t$ は 1 階差分商 $(u_{i,j+1} - u_{i,j})/k$ で近似するが, これがどの時点での $\partial^2 u/\partial x^2$ に対応すると見なすかで, 様々な差分近似方程式がえられる [2]. よく用いられる **θ スキーム**では, パラメーター θ $(0 \leq \theta \leq 1)$ を固定した上で, 格子点 (ih, jk) で $\delta^2 u_{i,j} = u_{i+1,j} - 2u_{i,j} + u_{i-1,j}$ と置いて, 次の近似式を用いる.

$$\frac{u_{i,j+1} - u_{i,j}}{k} = (1-\theta)\frac{\delta^2 u_{i,j}}{h^2} + \theta\frac{\delta^2 u_{i,j+1}}{h^2} \quad (1 \leq i \leq m-1,\ j \geq 0) \qquad (7.17)$$

特に, $\theta = 0, 1/2, 1$ の場合は, 順に**前進差分スキーム**, **Crank–Nicolson** (クランク–ニコルソン) **スキーム**, **後進** (後退) **スキーム**と称される. 境界条件については, $u_{0,j} = u_{m,j} = 0$ $(j \geq 0)$ で処理し, 初期条件については, もとの熱方程式で $u(x,0) = \varphi(x)$ ならば次のようにする.

$$u_{i,0} = \varphi_i := \varphi(ih, 0) \quad (0 \leq i \leq m) \qquad (7.18)$$

式 (7.17), (7.18) を見ると, $\theta = 0$ の場合は $u_{i,j+1}$ を簡単な計算で求められるのに対し, $\theta > 0$ では連立 1 次方程式を解く手間がかかる. そこで, 前者を**陽公式**, 後者を**陰公式**と呼び区別する. なお, 式 (7.16) も陽公式である.

3. 2 階波動方程式

初期値・境界値問題で x の区間を $0 < x < 1$, $f(x,t) = 0$, $u(0,t) = u(1,t) = 0$ (境界条件), $u(x,0) = \varphi(x)$, $\frac{\partial u}{\partial t}(x,0) = \psi(x)$ (初期条件) と設定する. このとき, u の空間方向 2 階導関数は中心差分商 $\delta^2 u_{i,j}/h^2$ で近似し, 速度 $v = \partial u/\partial t$ の近似は $v_{i,j}$ で表す. 時間方向に 5.5 節で述べた **Newmark の β 法**を採用するならば, 導出過程で現れる u の時間方向 2 階導関数は, 波動方程式 $\partial^2 u/\partial t^2 = \partial^2 u/\partial x^2$ を利用し $\delta^2 u_{i,j}/h^2$ などで近似すると, 次式をえる $(1 \leq i \leq m-1, j \geq 0)$.

$$
\begin{cases}
v_{i,j+1} = v_{i,j} + \dfrac{k}{2h^2}(\delta^2 u_{i,j} + \delta^2 u_{i,j+1}); \quad v_{i,0} = \psi_i := \psi(ih), \\[2mm]
u_{i,j+1} = u_{i,j} + k v_{i,j} + \dfrac{k^2}{h^2}[(\dfrac{1}{2} - \beta)\delta^2 u_{i,j} + \beta \delta^2 u_{i,j+1}]; \\[2mm]
\hspace{5cm} u_{i,0} = \varphi_i := \varphi(ih)
\end{cases}
\tag{7.19}
$$

この公式は陰公式であるが，5.5 節と同様な手順により，$\partial^2 u_{i,j} = u_{i,j+1} - 2u_{i,j} + u_{i,j-1}$ として，次の時間についての 2 段公式に書き換えられる．

$$
\begin{cases}
\dfrac{\partial^2 u_{i,j}}{k^2} = \beta \dfrac{\delta^2 u_{i,j+1}}{h^2} + (1 - 2\beta) \dfrac{\delta^2 u_{i,j}}{h^2} + \beta \dfrac{\delta^2 u_{i,j-1}}{h^2}, \\[3mm]
u_{i,0} = \varphi_i, \quad u_{i,1} = \varphi_i + k\psi_i + \dfrac{k^2}{h^2}(\dfrac{1}{2} - \beta)\delta^2 \varphi_i + \dfrac{k^2}{h^2}\beta \delta^2 u_{i,1}
\end{cases}
\tag{7.20}
$$

常微分方程式の場合と異なり，$\beta \neq 0$ ならば，これも陰公式である．

4. Poisson 方程式

　領域を $0 < x < 1,\, 0 < y < 1$ とし，格子間隔は $x,\, y$ 方向とも $h = 1/m$ とする．$u(ih, jh)$ の近似を $u_{i,j}$ $(0 \le i \le m,\, 0 \le j \le m)$ と記し，$f_{i,j} = f(ih, jh)$ と定義し，$x,\, y$ 双方に式 (7.15) を用いれば，次の差分近似方程式をえる（[2]，式 (3.32) も参照）．

$$
\frac{4u_{i,j} - u_{i-1,j} - u_{i+1,j} - u_{i,j-1} - u_{i,j+1}}{h^2} = f_{i,j}
$$

$$
(1 \le i \le m - 1,\ 1 \le j \le m - 1) \tag{7.21}
$$

境界条件の近似は，正方形領域の周上にある格子点で格子点値を 0 と置く．すなわち，$u_{0,j} = u_{m,j} = u_{i,0} = u_{i,m} = 0$ である．えられるのは連立 1 次方程式なので，たとえば第 3 章で紹介したいずれかの方法で解けばよい．

7.2.3　局所打ち切り誤差と整合性

　差分方程式の見かけ上の近似度を測るため，式 (5.4) に相当する**局所打ち切り誤差**を導入しよう．どれも原理的には似たようなものだが，ここでは一番簡単な式 (7.16) について定義を記すと，次のようになる（以下では $u_{i,j}$ などは厳密解の格子点値 $u(ih, jk)$ とする）．

$$\tau_{ij}(h,k) = \frac{u_{i,j+1} - u_{i,j}}{k} + \frac{u_{i,j} - u_{i-1,j}}{h}: \quad i \geq 1,\ j \geq 0 \tag{7.22}$$

厳密解 $u(x,t)$ が $x,\ t$ について何回も連続微分可能ならば[3]，Taylor の公式 [3]

$$\begin{cases} u_{i,j+1} = u_{i,j} + k\dfrac{\partial u}{\partial t}(ih, jk) + \dfrac{k^2}{2}\dfrac{\partial^2 u}{\partial t^2}(ih, jk) + \dfrac{k^3}{6}\dfrac{\partial^3 u}{\partial t^3}(ih, jk) + O(k^4) \\[2mm] u_{i-1,j} = u_{i,j} - h\dfrac{\partial u}{\partial x}(ih, jk) + \dfrac{h^2}{2}\dfrac{\partial^2 u}{\partial x^2}(ih, jk) - \dfrac{h^3}{6}\dfrac{\partial^3 u}{\partial x^3}(ih, jk) + O(h^4) \end{cases}$$
$$\tag{7.23}$$

を用い，さらに微分方程式 $\partial u/\partial t = -\partial u/\partial x$ から従う $\partial^2 u/\partial t^2 = \partial^2 u/\partial x^2$，$\partial^3 u/\partial t^3 = -\partial^3 u/\partial x^3$ に注意すれば，次式をえる．

$$\tau_{i,j}(h,k) = \left(\frac{k}{2} - \frac{h}{2}\right)\frac{\partial^2 u}{\partial x^2}(ih, jk) + \frac{h^2 - k^2}{6}\frac{\partial^3 u}{\partial x^3} + O(k^3) + O(h^3) \tag{7.24}$$

したがって，$h \to 0,\ k \to 0$ のとき $\tau_{i,j}(h,k) \to 0$ で，その収束の速さは一般には $O(h) + O(k)$ であるが，特に $k = h$ のときは $O(h^3) = O(k^3)$ となる．実際には，7.2.2 項で述べたことから，このときは $\tau_{i,j}(h,k) = 0$ である．

このように，局所打ち切り誤差が格子の細分に伴い 0 に収束するとき，その差分公式（スキーム）は**整合性**を満たすという [2]．このとき，差分方程式の解が微分方程式の解に収束するかは一概にいえないが，その精度と密接な関係を持つことは事実である（7.2.5 項参照）．なお，前項で与えた差分近似方程式はいずれも整合性をみたし，局所打ち切り誤差は，熱方程式では一般には $O(h^2 + k)$ で $\theta = 1/2$ なら $O(h^2 + k^2)$，Poisson 方程式では $O(h^2)$，波動方程式では一般には $O(h^2 + k^2)$ である[4]．また，整合性を満たすために k と h の間に制限が付く近似方程式も存在する [2]．

7.2.4 安 定 性

差分近似方程式の**安定性**の概念は難しいが，数値解の大きさが自由項 f や初期条件に現れる既知関数 $\varphi,\ \psi$ の大きさなどで一様におさえられるとき，その差分近似は安定であるという．一様の中には格子間隔の変化に対する一様性も含まれるが，この点が数学者以外には理解しにくいところである．また，大きさはたとえば何らかのノルムで測る．この概念は物理的な安定性の概念と無関係では

---

[3] 実際の解は必ずしもそうではない．あくまで理想論である．

[4] β スキームの局所打ち切り誤差の評価は，常微分の場合よりも複雑である．

ないが，一応，別なものであり，差分近似ごとに数学的に示さねばならない．ただ，近似方程式が安定なのに物理現象が不安定な場合は，何かがおかしいと思われる．

以下，7.2.2 項の各差分近似方程式について，安定性の例を示す[5].

1. 1 階波動方程式

すでに見たように，もとの方程式では $u(x,t) = \varphi(x - t)$ なので，$\max_{0 \leq x \leq 1, t \geq 0} |u(x,t)| \leq \max_{0 \leq x \leq 1} |\varphi(x)|$ である．これに対応する安定性として，次が考えられる．

$$\max_{1 \leq i \leq m, j \geq 0} |u_{i,j}| \leq \max_{0 \leq i \leq m} |\varphi_i| \tag{7.25}$$

式 (7.16) より，$\lambda = k/h$ として，$u_{i,j+1} = (1 - \lambda)u_{i,j} + \lambda u_{i-1,j}$，$|u_{i,j+1}| \leq |1 - \lambda||u_{i,j}| + \lambda|u_{i-1,j}|$ がえられ，安定性に関する次の結果が従う．

$$\frac{k}{h} \leq 1 \ ならば \ \max_{1 \leq i \leq m} |u_{i,j+1}| \leq \max_{1 \leq i \leq m} |u_{i,j}| \leq \max_{0 \leq i \leq m} |\varphi_i| \quad (j \geq 0) \tag{7.26}$$

$k/h \leq 1$ は**安定性の条件**と呼ばれる．このように，安定性を保証するために，h，k などに条件がつく場合，その差分近似方程式は**条件付き安定**，特に条件が不要な場合を**無条件安定**と呼ぶ [2].

2. 熱方程式

空間方向のノルムを順に $\max_{1 \leq i \leq m-1} |u_{i,j}|$，$\left(\sum_{i=1}^{m-1} u_{i,j}^2 h \right)^{1/2}$ と選ぶと，安定性に関する次の 2 つの結果がえられる [2].

$$\frac{k}{h^2} \leq \frac{1}{2(1 - \theta)} \ なら \ \max_{1 \leq i \leq m-1} |u_{i,j}| \leq \max_{1 \leq i \leq m-1} |\varphi_i| \quad (j \geq 0) \tag{7.27}$$

$0 \leq \theta < \dfrac{1}{2}$ なら $\dfrac{k}{h^2} \leq \dfrac{1}{2(1 - 2\theta)}$ で，$\dfrac{1}{2} \leq \theta \leq 1$ なら無条件で，

$$\left(\sum_{i=1}^{m-1} u_{i,j}^2 h \right)^{\frac{1}{2}} \leq \left(\sum_{i=1}^{m-1} \varphi_i^2 h \right)^{\frac{1}{2}} \quad (j \geq 0) \tag{7.28}$$

上記を導くにはいろいろ準備がいるので，5.4, 5.6 節で扱った $dx/dt = -x$ に θ スキームを適用した次式により，大体の感触をえることにしよう．

---

[5] 安定性の定義は採用するノルムなどに依存する．

$$\frac{X_{i+1} - X_i}{h} = -(1-\theta)X_i - \theta X_{i+1} \Longrightarrow X_{i+1} = \frac{1 - (1-\theta)h}{1 + \theta h} X_i \qquad (7.29)$$

まず，$X_i \geq 0$ のとき，$0 \leq X_{i+1} \leq X_i$ を要求するならば，簡単な計算で，

$$h \leq \frac{1}{1-\theta} \quad (\theta = 1 \text{ なら無条件}) \text{ に対し } 0 \leq X_{i+1} \leq X_i \qquad (7.30)$$

次に，より緩い $|X_{i+1}| \leq |X_i|$ を要求するなら，

$$0 \leq \theta < \frac{1}{2} \text{ なら } h \leq \frac{2}{1-2\theta} \text{ で，} \theta \geq \frac{1}{2} \text{ なら無条件で } |X_{i+1}| \leq |X_i| \qquad (7.31)$$

3. 2 階波動方程式

特に中心差分近似の場合 $(\beta = 0)$ は，次の **CFL**(Courant–Friedrichs–Lewy) **条件**を要求の下で [1, 2]（本条件は 1 階波動方程式でも現れた），ある種のノルムに関する安定性が示せる．

$$\frac{k}{h} \leq 1 \qquad (7.32)$$

4. Poisson 方程式

離散最大値原理などを利用すると，次の評価式が導かれる [1, 2]．

$$\max_{i,j} |u_{i,j}| \leq C \max_{i,j} |f_{i,j}| \quad (C \text{ は } f, h \text{ などによらない正定数}) \qquad (7.33)$$

7.2.5 収 束 性

整合性と安定性が成立すると，差分解の厳密解（の格子点値）への**収束**が結論できる．以下，1 階の波動方程式についてこれを示す．ここでは，差分解を $U_{i,j}$，$u(ih, jh)$ を $u_{i,j}$ と記す．式 (7.16) で $u_{i,j}$ を $U_{i,j}$ と置き換えた式と式 (7.22) を用い，誤差を $e_{i,j} = u_{i,j} - U_{i,j}$ で定義すれば次式をえる．

$$\frac{e_{i,j} - e_{i,j-1}}{k} + \frac{e_{i,j-1} - e_{i-1,j-1}}{h} = \tau_{i,j-1}(h,k) \quad (j \geq 1) \qquad (7.34)$$

したがって，安定性の条件 $1 - k/h \geq 0$ の下では，三角不等式などを用いて，

$$|e_{i,j}| \leq (1 - \frac{k}{h})|e_{i,j-1}| + \frac{k}{h}|e_{i-1,j-1}| + k|\tau_{i,j-1}(h,k)| \qquad (7.35)$$

これより，

$$|e_{i,j}| \leq \max_{\ell}|e_{\ell,j-1}| + k \max_{\ell}|\tau_{\ell,j-1}(h,k)| \tag{7.36}$$

これを繰り返し，$e_{i,0} = 0$ に注意し整理すれば，

$$|e_{i,j}| \leq jk \max_{1 \leq \ell \leq m, 0 \leq n \leq j-1}|\tau_{\ell,n}(h,k)| \tag{7.37}$$

$t = jk$ と置けば，誤差は局所打ち切り誤差の絶対値の最大値に t を乗じた量で評価でき，$0 < h \leq k \to 0$ のとき 0 に収束する．このように安定性が成立するときは，局所打ち切り誤差と実際の誤差評価式の間には密接な関係がある．ただし，時間に比例して誤差が大きくなることは覚悟しなければならない．安定性が成立しない場合は，差分解が発散する可能性があり，誤差以前の話になる．

7.3　有　限　要　素　法

　微分方程式に対する有限要素法では，微分方程式に付随する領域を**有限要素**（単に**要素**とも）と呼ばれる小領域に分割し，解の関数を各要素ごとに簡単な関数で近似し，それらを要素間で結合して全体の近似関数を構成する（区分関数近似）．その際に，**弱定式化（仮想仕事の原理）**とか**変分原理（エネルギー原理）**と呼ばれる指導原理を用いて近似方程式を作成し近似解を求める [2, 4]．有限要素法は，7.1 節で挙げたどの方程式にも適用できるが，時間微分については差分法の技法が流用できるので，空間方向微分のみが現れる方程式で説明する．有限要素法は，近似方程式の導き方が差分法より間接的なので，1 次元の常微分方程式から始め，次に空間 2 次元の Poisson 方程式について簡単に解説する．

7.3.1　弱定式化（仮想仕事の原理）

　ここでは有限要素法の基礎である**弱定式化**の最も簡単な例を述べる．

1. 弦や棒の変位の記述方程式
　弦やひもを張力で水平に張り，そこに鉛直方向の分布荷重をかけた場合や，水平方向の棒の左端を固定し，軸方向に分布荷重や右端での集中荷重をかけた場合，それらの変位 u に対する支配方程式（微分方程式と境界条件）は次のようになる（$c(x) > 0$ は与えられた関数，g は与えられた数）．

$$\begin{cases} -\dfrac{d}{dx}\left(c(x)\dfrac{du}{dx}\right) = f(x) \quad (0 < x < 1), \\ u(0) = 0, \quad u(1) = 0 \text{ または } c(1)\dfrac{du}{dx}(1) = g \end{cases} \tag{7.38}$$

前記の微分方程式に対する**弱形式**を導くため，**重み関数**（仮想変位）$v(x)$ として $v(0) = 0$ を課し，さらに，$x = 1$ で $u(1) = 0$ の場合は条件 $v(1) = 0$ を加えた任意のものを考える．これを微分方程式の左辺に乗じ，$x = 0$ から $x = 1$ まで積分し，部分積分すると，次式をえる．

$$-\int_0^1 \frac{d}{dx}\left(c(x)\frac{du}{dx}\right)v\,du = -\left[c(x)\frac{du}{dx}v\right]_0^1 + \int_0^1 c(x)\frac{du}{dx}\frac{dv}{dx}\,dx \tag{7.39}$$

ここで，右辺第 1 項は，$v(0) = 0$ より下端は消え，上端は $v(1) = 0$ なら消え，$v(1)$ が任意なら $-gv(1)$ が残る．これを，微分方程式の右辺に v を乗じ積分したものと等値し整理すると，本問題に対する**弱形式**をえる．

$$\left(c\frac{du}{dx}, \frac{dv}{dx}\right) = (f, v)\,(\,+ gv(1))\quad \left((f, v) = \int_0^1 fv\,dx \text{ など}\right) \tag{7.40}$$

ここで，$(\cdot, \cdot)$ は 2 関数の積の積分を表し，一種の**内積**である（3.3.1 項参照）．逆に，式 (7.40) から式 (7.38) をたどれるので，両者は等価であり，微分方程式（と境界条件 $c(1)\dfrac{du}{dx}(1) = g$）の代わりに，式 (7.40) を満たす $u(x)$ を求める定式化を**弱定式化**と呼んでいる．なお，境界条件 $u(0) = 0$（場合により $u(1) = 0$ も）は別に要求する[6]．有限要素法では，弱定式化を用い，近似関数に対する微分可能性や境界条件に対する要求を弱めている．

2. はり（梁）の曲げ方程式

水平に置かれたはりに，鉛直方向に分布荷重がかかったときの鉛直方向変位 $u(x)$ を定める微分方程式および両端固定の境界条件は次式で与えられる．

$$\begin{aligned} \frac{d^2}{dx^2}\left(c(x)\frac{d^2u}{dx^2}\right) &= f(x) \quad (0 < x < 1); \\ u(0) = \frac{du}{dx}(0) &= u(1) = \frac{du}{dx}(1) = 0 \end{aligned} \tag{7.41}$$

これは 4 階の微分方程式であるが，部分積分を 2 回用いることにより，次の**弱**

---

[6] この種の境界条件は**基本境界条件**といい，残りは**自然境界条件**と呼ばれる．

形式が導かれる.

$$\left(c \frac{d^2 u}{dx^2}, \frac{d^2 v}{dx^2} \right) = (f, v) \tag{7.42}$$

ただし, 重み関数 $v(x)$ は $u(x)$ と同様な境界条件を満たすとする.

3. Poisson 方程式

偏微分方程式は式 (7.4) で与えたが, これを領域 Ω で要求する. また, 境界条件は境界 Γ の一部 Γ_1 では $u = 0$, (もしあれば) 残り Γ_2 では $\partial u / \partial n = g$ を課すとする. ここに, $\partial u / \partial n$ は境界上での外向き法線方向導関数を表す. 以上をまとめると,

$$
\begin{aligned}
&-\frac{\partial^2 u}{\partial^2 x} - \frac{\partial^2 u}{\partial y^2} = f(x, y) \quad (\Omega \text{ 内}); \\
&u = 0 \ (\Gamma_1 \text{ 上}), \quad \frac{\partial u}{\partial n} = g \ (\Gamma_2 \text{ 上})
\end{aligned}
\tag{7.43}
$$

今度も弱形式は先と同様に導けるが, 1 変数における部分積分に対応する Green (グリーン) の公式を用いる [2]. 結果を示すと,

$$\left(\frac{\partial u}{\partial x}, \frac{\partial v}{\partial x} \right)_\Omega + \left(\frac{\partial u}{\partial y}, \frac{\partial v}{\partial y} \right)_\Omega = (f, v)_\Omega + (g, v)_{\Gamma_2} \tag{7.44}$$

ただし, 重み関数 $v(x, y)$ は Γ_1 で 0 とし, $(\cdot, \cdot)_\Omega$, $(\cdot, \cdot)_{\Gamma_2}$ は順に Ω, Γ_2 での 2 関数の積の 2 重積分, 線積分とする.

7.3.2　有限要素分割と区分補間関数近似

差分法と同様, 区間 $[0, 1]$ 上に分点 (**節点**とよぶ) を配するが, 今度は等間隔でなくても取り扱いに大きな差はない. 節点に大きさの順に番号を付ける:

$$x_0 = 0 < x_1 < \cdots < x_i < x_{i+1} < \cdots < x_m = 1 \tag{7.45}$$

そして, i 番目の小区間 (**有限要素**または**要素**) $I_i = [x_{i-1}, x_i]$ ($i = 1, 2, \ldots,$ m) 内で適当な補間関数を導入する. 補間関数とその誤差については, 第 4 章で説明したが, ここではもっとも簡単だが役に立つ 1 次式 **Lagrange** 補間 (折れ線近似) と 2 点 3 次式の **Hermite** 補間を考えよう. すなわち, 要素 I_i 上の 1 次関数

$$L_1^i(x) = \frac{x_i - x}{h_i}, \quad L_2^i(x) = \frac{x - x_{i-1}}{h_i} \quad (h_i = x_i - x_{i-1}) \tag{7.46}$$

を用いれば，補間関数 $u^L(x)$, $u^H(x)$ は次式で与えられる（上付き i は省略）．ただし，u_i, $u_{x,i}$ などは節点での u, $u_x = du/dx$ の値を示す．

$$u^L(x) = L_1 u_{i-1} + L_2 u_i \tag{7.47}$$

$$u^H(x) = L_1^2(L_1 + 3L_2)u_{i-1} + h_i L_1^2 L_2 u_{x,i-1} + L_2^2(L_2 + 3L_1)u_i$$
$$- h_i L_1 L_2^2 u_{x,i} \tag{7.48}$$

なお，節点値がかかる関数は，補間基底関数とか**形状関数**と呼ばれる．

次に，2 次元での三角形 1 次（式）補間を与えよう．三角形有限要素 e に対し，その 3 頂点 $n_e(i)$ $(i = 1, 2, 3)$ を節点，その座標を (x_i^e, y_i^e) とする．このとき，e 上の局所座標（**面積座標**）関数 (L_1^e, L_2^e, L_3^e) を次のように定義する [2, 4]．

$$\begin{cases} L_i^e(x, y) = \dfrac{1}{D_e}(a_i^e + b_i^e x + c_i^e y) \\ a_i^e = x_j^e y_k^e - x_k^e y_j^e, \quad b_i^e = y_j^e - y_k^e, \quad c_i^e = x_k^e - x_j^e \\ D_e = b_1^e c_2^e - b_2^e c_1^e; \quad (i, j, k) = (1, 2, 3), (2, 3, 1), (3, 1, 2) \end{cases} \tag{7.49}$$

以上の準備の下に，関数 $u(x, y)$ の 1 次 Lagrange 補間は次のようになる（図 7.1）[2, 4]．

$$u^L(x, y) = \sum_{i=1}^3 L_i^e(x, y)u_i^e; \quad u_i^e = u(x_i^e, y_i^e) \quad (i = 1, 2, 3) \tag{7.50}$$

この補間誤差については，文献 [2] などを参照されたいが，三角形形状や u に

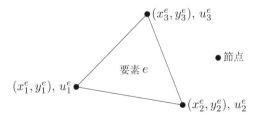

図 7.1 三角形 1 次要素

関する若干の条件下で，次のようになる（h_e は三角形 e の最大辺長，C は正定数）．

$$\|u - u^L\|_e + h_e\|\nabla(u - u^L)\|_e \leq Ch_e^2 \left(\left\|\frac{\partial^2 u}{\partial x^2}\right\|_e + \left\|\frac{\partial^2 u}{\partial y^2}\right\|_e + \left\|\frac{\partial^2 u}{\partial x \partial y}\right\|_e \right)$$

$$\text{ただし，} e \text{ 上の関数 } f \text{ に対して } \|f\|_e = \left(\iint_e f(x,y)^2 \, dx \, dy \right)^{\frac{1}{2}} \quad (7.51)$$

なお，$\|\nabla(u - u^L)\|_e$ は $\left(\|(\partial(u - u^L)/\partial x)\|_e^2 + \|\partial(u - u^L)/\partial y\|_e^2\right)^{1/2}$ を意味する．

7.3.3　有限要素法での近似方程式

　以下に，有限要素法での近似方程式の導出法の概要を弦や棒の方程式について示すが，ほかの方程式や必要な手順の詳細は文献 [2, 4] などを参照されたい．

　まず，弱形式 (7.40) に現れる u や v を連続な区分 1 次関数 $\hat{u}$ や $\hat{v}$ で置き換え，各有限要素 I_i での 2 関数の積の積分を $(\cdot, \cdot)_i$ で表せば，次式をえる．

$$\sum_{i=1}^m \left(c\frac{d\hat{u}}{dx}, \frac{d\hat{v}}{dx} \right)_i = \sum_{i=1}^m (f, \hat{v})_i \ (+ g\hat{v}_m; \ \hat{v}(1) = \hat{v}_m \text{ に注意}) \quad (7.52)$$

したがって，各要素で和記号中の量を計算し，それらを全要素について足し，境界条件を考慮すれば，全体の方程式がえられる．

　いま，$[\hat{u}_{i-1}, \hat{u}_i]^T$（縦ベクトル）を $\hat{\boldsymbol{u}}_i$，$\hat{v}$ に対する同様なベクトルを $\hat{\boldsymbol{v}}_i$ で表せば，

$$\hat{u} = [L_1^i \ L_2^i]\hat{\boldsymbol{u}}_i, \quad \frac{d\hat{u}}{dx} = \frac{1}{h_i}[-1 \ 1]\hat{\boldsymbol{u}}_i; \quad \hat{v} \text{ についても同様} \quad (7.53)$$

となるので，次式がえられる（$\bar{c}_i = \int_{I_i} c(x) \, dx/h_i$ は $c(x)$ の I_i 上の積分平均値）．

$$\left(c\frac{d\hat{u}}{dx}, \frac{d\hat{v}}{dx} \right)_i = \hat{\boldsymbol{v}}_i^T [K]_i \hat{\boldsymbol{u}}_i; \quad [K]_i = \frac{\bar{c}_i}{h_i} \begin{bmatrix} 1 & -1 \\ -1 & 1 \end{bmatrix} \quad (7.54)$$

$$(f, \hat{v})_i = \hat{\boldsymbol{v}}^T \boldsymbol{f}_i, \quad g\hat{v}_m = \hat{\boldsymbol{v}}_m^T \boldsymbol{g}_m; \quad \boldsymbol{f}_i = \begin{pmatrix} (f, L_1^i)_i \\ (f, L_2^i)_i \end{pmatrix}, \quad \boldsymbol{g}_m = \begin{bmatrix} 0 \\ g \end{bmatrix} \quad (7.55)$$

$[K]_i$ の各成分を，$\hat{u}$ の全節点値を順に並べてできる $m+1$ 次元縦ベクトル（**全体節点変位ベクトル**）$\hat{\boldsymbol{u}}$ の次元 $m+1$ に等しい次数 $m+1$ の行列（**全体剛性マトリックス**）$[K]$ の，$i-1$ 行，i 行，$i-1$ 列，i 列に配して足し込み，$\hat{\boldsymbol{u}}$ から既知

の部分を処理し，ベクトル $\hat{\boldsymbol{v}}_i$ の既知以外の成分の任意性に注意してこれを式から外し，ベクトル $\boldsymbol{f}_i$, $\boldsymbol{g}_m$ についても同様な操作をすれば，次の形の連立 1 次方程式がえられる（$\boldsymbol{f}$ には $\hat{\boldsymbol{u}}$ の既知分からの寄与も含まれる）[2, 4].

$$[K]\boldsymbol{u}^* = \boldsymbol{f} \quad (\boldsymbol{u}^* \text{ は } \hat{\boldsymbol{u}} \text{ から既知の部分を除いたもの.}) \tag{7.56}$$

　以上の手順や連立 1 次方程式を解く作業は，計算機プログラムで自動的になされる．なお，$[K]_i$ は**要素剛性マトリックス**，$\hat{\boldsymbol{u}}_i$ は**要素節点変位ベクトル**，$\boldsymbol{f}_i$, $\boldsymbol{g}_m$ は**要素節点荷重ベクトル**と呼ばれる．以下の例も含め，ここで扱う要素剛性マトリックスや全体剛性マトリックス $[K]$ は対称なことに注意しておく．ちなみに，境界条件が $u(0) = u(1) = 0$ の場合の連立 1 次方程式を書いておく[7]（$\hat{u}_0 = \hat{u}_m = 0$. 式 (3.30) も参照）.

$$\frac{\bar{c}_i(\hat{u}_i - \hat{u}_{i+1})}{h_i} + \frac{\bar{c}_{i-1}(\hat{u}_i - \hat{u}_{i-1})}{h_{i-1}} = \int_{I_i} f L_1^i \, dx + \int_{I_{i+1}} f L_2^{i+1} \, dx$$
$$(1 \leq i \leq m - 1)$$

$$(f \text{ が各要素 } I_i \text{ で定数 } \bar{f}_i \text{ として}) = \frac{1}{2}(\bar{f}_{i-1}h_{i-1} + \bar{f}_i h_i) \tag{7.57}$$

　次に，はりの曲げ問題で $c(x) \equiv 1$，要素 I_i 内で $f(x)$ が定数 $\bar{f}_i$ の場合につき，要素剛性マトリックス $[K]_i$ と要素節点荷重ベクトル $\boldsymbol{f}_i$ を示す．ただし，要素節点変位の並び方は $\hat{u}_{i-1}$, $\hat{u}_{x,i-1}$, $\hat{u}_i$, $\hat{u}_{x,i}$ とする．

$$[K]_i = \frac{1}{h_i^3} \begin{bmatrix} 12 & 6h_i & -12 & 6h_i \\ 6h_i & 4h_i^2 & -6h_i & 2h_i^2 \\ -12 & -6h_i & 12 & -6h_i \\ 6h_i & 2h_i^2 & -6h_i & 4h_i^2 \end{bmatrix}, \quad \boldsymbol{f}_i = \frac{\bar{f}_i h_i}{2} \begin{pmatrix} 1 \\ h_i \\ 1 \\ -h_i \end{pmatrix} \tag{7.58}$$

　Poisson 方程式の場合は，節点変位ベクトルを $[\hat{u}_{n_e(1)}, \hat{u}_{n_e(2)}, \hat{u}_{n_e(3)}]^T$ とすれば，要素剛性マトリックス $[K]_e$ は 3 次正方行列で，その (i, j) 成分は，三角形要素の面積が $|D_e|/2$ であることに注意すると，次のようになる．

$$[K]_e(i,j) = \frac{1}{2|D_e|}(b_i^e b_j^e + c_i^e c_j^e) \quad (1 \leq i \leq 3, \ 1 \leq j \leq 3) \tag{7.59}$$

---

[7] 有限要素法では，行列よりもマトリックスという用語が用いられることが多い．

7.3.4　安定性と収束性

　以上で述べた有限要素法では，安定性はある種のノルムに関しては自動的に成立し，そのノルムで測った有限要素解 $\hat{u}$ の誤差には，補間誤差の大きさが反映され，したがって，微分方程式の厳密解への $h \to 0$ のときの収束性も保証される．たとえば Poisson 方程式に三角形 1 次要素を用いた場合は，Ω や三角形分割に対する若干の条件の下で，$h = \max_e h_e$（$\max_e$ は全要素にわたる最大値）として，次式をえる．

$$\|u - \hat{u}\|_\Omega + h\|\nabla(u - \hat{u})\|_\Omega \leq Ch^2\|f\|_\Omega;$$

$$\|f\|_\Omega = \left(\iint_\Omega f(x,y)^2\, dx\, dy\right)^{1/2} \text{など} \tag{7.60}$$

ここで，C は領域には依存するが h や f には依存しない正定数である．詳しくは文献 [2] などを参照されたい．ここで述べた事実は，弱形式使用による近似関数への条件緩和とともに，有限要素法の大きな特長である．ただし，より一般的な問題での安定性や，別のノルムでの誤差については，さらに解析が必要である [5]．

7.4　数　値　例

　以下に，本章で紹介した差分法や有限要素法による簡単な数値例を示す．

1. 1 階の波動方程式に対する差分解

　全区間を $[0, 2]$，$u(0, t) = 0$，$\varphi(x) = x(1 - x)$ $(0 \leq x \leq 1)$; $= 0$ $(1 \leq x \leq 2)$ とし，$h = 1/m$ として $\lambda = k/h$ をいくつか変えて計算してみよう．厳密解は $x \geq t$ で $\varphi(x - t)$，それ以外では 0 で，速度 1 で右に進む進行波を表す．$h = 1/20$，$\lambda = 0.5, 1, 2$ の $t = 1$ でのグラフを φ のグラフとともに図 7.2 に示す．すでに述べたとおり，$\lambda = 1$ では格子点で厳密解と一致しているが，$\lambda = 0.5$ では，ピーク値が下がり，裾野が広がっている．ただし，$\lambda = 0.5$ でも分割を細かくしていけば厳密解に収束すると思われる．また，$\lambda = 2$ では，数値的振動が生じ，値もきわめて大きくなっており，不安定でまったく使い物にならない．このように，安定性は差分法にとって本質的な役割を果たす．

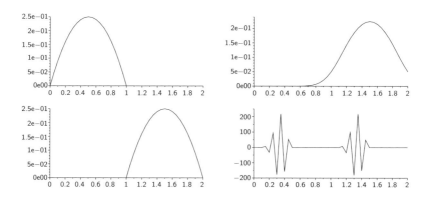

図 **7.2** $h = 1/20$：左上から右下へ $t = 0$, $t = 1$ での $\lambda = 0.5$, 1, 2 に対する u のグラフ. 縦軸のスケールの差に注意.

2. 熱方程式に対する差分解

全区間を $0 \leq x \leq 1$, $\varphi(x) = x(1-x)$ として, θ スキームで差分解を求めよう. 先に述べたように, θ と $\lambda = k/h^2$（先の λ とは異なる）の選び方によっては大きな差が生じる. 厳密解は, Fourier 級数法により $u(x,t) = \sum_{i=1}^{\infty} \dfrac{8}{\{(2i-1)\pi\}^3}$ $\sin\{(2i-1)\pi x\} \exp[-\{(2i-1)\pi\}^2 t]$ と与えられ [2], 特に $u(0.5, 0.1) \fallingdotseq 0.0961619$ である.

$(\theta, \lambda) = (0, 0.5)$, $(0, 20/39)$, $(0.5, 1)$, $(1, 1)$ について, $h = 1/40$ と選んでえられたグラフを図 7.3 に示す. $(0, 20/39)$ の場合は $\lambda > 0.5$ から予想されるように不安定な結果をえるが, その他の場合はグラフ上では大差がなく, 厳密解にも近いことを確かめられる.

もう少し誤差の大きさを具体的に見るため, $(\theta, \lambda) = (0, 1/6)$, $(0.5, 0.5)$ と選び, h を変えて計算してみた. なお, 前者は離散化誤差が非常に小さくなることが知られており [2], 後者は Crank–Nicolson スキームである. 表 7.1 で $\hat{u}(0.5, 0.1)$ は $u(0.5, 0.1)$ に対応する計算値, $error = u(0.5, 0.1) - \hat{u}(0.5, 0.1)$ である. 表 7.1 からわかるように, 前者の誤差は, λ を一定に保ち h を小さくしていくとき, $O(h^4) = O(k^2)$, 後者は $O(h^2) = O(k)$ である. その他の例は省略するが, すでに述べたように, λ が一定の場合, 離散化誤差は一般には $O(k) = O(h^2)$ であり, k を h に比べ小さくとっているので, 安定性の条件が満たされていれば, そこそこの精度はえられる.

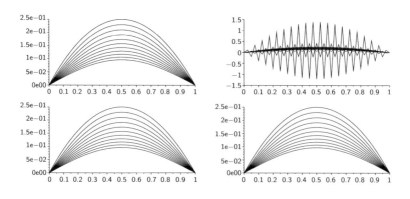

図 7.3　$h = 1/40$：左上から右下へ $(\theta, \lambda) = (0, 0.5), (0, 20/39), (0.5, 1), (1, 1)$ の $t = 0$ から $t = 0.1$ までのグラフ．縦軸のスケールの差に注意．

表 **7.1**　熱方程式の差分近似の近似値と誤差

(θ, λ)	(0,1/6)		(0.5,0.5)	
h	$\hat{u}(0.5, 0.1)$	$error$	$\hat{u}(0.5, 0.1)$	$error$
1/10	0.0961597	$2.22e\text{-}6$	0.0969193	$-7.57e\text{-}4$
1/20	0.0961617	$1.38e\text{-}7$	0.0963554	$-1.94e\text{-}4$
1/40	0.0961619	$8.61e\text{-}9$	0.0962105	$-4.86e\text{-}5$
1/100	0.0961619	$2.20e\text{-}10$	0.0962105	$-7.79e\text{-}6$

3. テーパー付きの棒の引張り問題の有限要素法

　この問題で $c(x)$ が定数関数の場合，有限要素分割の仕方にかかわらず，**超収束**という現象が起こり，節点で近似解が厳密解と一致してしまう[8][2]．これを避けるため，$c(x) = 2 - x > 0$，$f(x) \equiv 0$，$u(0) = 0$，$\frac{du}{dx}(1) = g = \frac{1}{\log 2}$ とすれば，厳密解は $u(x) = \frac{1}{\log 2} \log \frac{2}{2-x}$ となり，特に $u(1) = 1$ である．この場合，連立1次方程式は式 (7.57) の部分は同じだが，次式が加わる．

$$\bar{c}_m \frac{\hat{u}_m - \hat{u}_{m-1}}{h_m} = \frac{1}{\log 2} \tag{7.61}$$

次に $\hat{u}(1)$ に対する数値計算結果の例を表 7.2 に示す．誤差が h^2 にほぼ比例していることがわかる．また，$\hat{u}(1)$ は下から $u(1) = 1$ に近づいている．さらに，1

---

[8] はりの曲げ問題でも，係数が定数関数なら同様な現象が見られる．

表 7.2 テーパー付き棒の右端での近似値

h	1/10	1/100	1/1000
$\hat{u}(1)$	0.99550139	0.99995492	0.99999955

階導関数は全体として厳密解より小さめなこともわかっている.

4. Poisson 方程式に対する差分解/有限要素解：正方形領域

ここでは Ω を $0 < x < 1,\ 0 < y < 1$ なる正方形領域とし，境界条件は Ω の全周で 0，$f(x,y) \equiv 1$ とし，差分近似方程式 (7.21) を解こう．一方，格子点を節点に選んで小正方形に分割し，各小正方形を斜め 45 度の対角線で三角形有限要素群に分割しても（図 7.4），$f(x,y) \equiv 1$ の場合は本質的に同じ方程式がえられる（図 7.4）[4].
いくつかの m に対する CG 法による計算結果を表 7.3 に $\hat{u}(0.5, 0.5)$ について示す．厳密解は二重 Fourier 級数 $\dfrac{16}{\pi^4} \sum_{i,j=1}^{\infty} \dfrac{\sin(2i-1)\pi x \sin(2j-1)\pi y}{(2i-1)(2j-1)\{(2i-1)^2 + (2j-1)^2\}}$ で与えられ，$u(0.5, 0.5) = \dfrac{16}{\pi^4} \sum_{i,j=1}^{\infty} \dfrac{(-1)^{i+j}}{(2i-1)(2j-1)\{(2i-1)^2 + (2j-1)^2\}} = 0.0736713532815\cdots$ である．誤差は h^2 にほぼ比例して減少している（$error = u(0.5, 0.5) - \hat{u}(0.5, 0.5)$）．なお，数値は有効桁数 5 で示したが，連立 1 次方程式の解自体は十分な精度で求めてある（以下同様）．

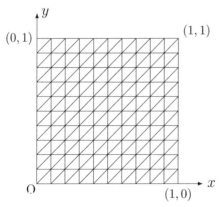

$m \times m$ 分割: $m = 10$, $h = \dfrac{1}{10}$

図 7.4 正方形領域の三角形分割の例

表 7.3   正方形中心での近似値と誤差

h	1/10	1/20	1/40	1/100	1/200
$\hat{u}(0.5, 0.5)$	0.073098	0.073527	0.073635	0.073666	0.073670
$error$	5.7292e−4	1.4464e−4	3.6251e−5	5.8042e−6	1.4512e−6
$error/h^2$	0.057292	0.057858	0.058002	0.058042	0.058048

　次に導関数値の誤差の例を見るため，Ω の下辺の中点 $(0.5, 0)$ を取り上げる．境界条件 $\hat{u} = 0$ により $\partial\hat{u}/\partial x = 0$ なので，y 方向導関数 $\partial\hat{u}/\partial y$ の方に注目すると，有限要素法とみなした場合，$\frac{\partial\hat{u}}{\partial y}(0.5, h) = (\hat{u}(0.5, h) - \hat{u}(0.5, 0))/h = \hat{u}(0.5, h)/h$ と考えられるので，この量と Fourier 級数によりえられる値 $\frac{\partial u}{\partial y}(0.5, 0) = 0.377647\cdots$ を比較しよう．なお，差分法とみなした場合は，$(0.5, 0)$ での片側差分商と解釈できる．$error = \frac{\partial u}{\partial y}(0.5, 0) - \hat{u}(0.5)/h$ と定義すれば表 7.4 の結果をえる．

　誤差はほぼ h に比例している．関数自体の誤差は h^2 に比例する程度なので[9]，$\hat{u}(0.5, h)/h$ が h に比例する程度になるのは自然であろう．

　もう一つ別の点での導関数の誤差を見るため，原点 $(0, 0)$ に注目する．境界条件から $\partial u/\partial x = \partial u/\partial y = 0$ が成立するが，これに相当する差分近似解は，原点

表 7.4 $(x, y) = (0, 5, 0)$ での $\partial u/\partial y$ の近似値と誤差

h	1/10	1/20	1/40	1/100	1/200
$\hat{u}(0.5, h)$	2.8828e−2	1.5640e−2	8.1298e−3	3.3266e−3	1.6758e−3
$\hat{u}(0.5, h)/h$	2.8828e−1	3.1280e−1	3.2519e−1	3.3266e−1	3.3516e−1
$error/h$	0.49364	0.49690	0.49817	0.49842	0.49769

表 7.5   左下の三角形 $(0, 0)$, $(0, h)$, (h, h) での $\partial u/\partial y$ の近似値と誤差

h	1/10	1/20	1/40	1/100	1/200
$\hat{u}(h, h)$	1.2813e−2	4.3113e−3	1.3539e−3	2.7497e−4	1.9776e−5
$\hat{u}(h, h)/h$	1.2813e−1	8.6225e−2	5.4157e−2	2.7497e−2	1.5955e−2
$\hat{u}(h, h)/h^2$	1.2813	1.7245	2.1663	2.7497	3.1910

---

[9] 厳密な数学的解析の結果はこれより少し劣るが，詳しい議論は文献 [5] を参照されたい．

表 **7.6**　表 7.5 の $\hat{u}(h,h)/h^2$ を $|\log h|$ で割ったもの

h	1/10	1/20	1/40	1/100	1/200	1/400
$\dfrac{\hat{u}(h,h)}{h^2\lvert\log h\rvert}$	0.55646	0.57565	0.58724	0.59710	0.60227	0.60624

での前進差分商を用いることにより厳密値をえる．しかし，これは一般の点での誤差の参考にはいささかもなりえない．他方，ここでの近似方程式を有限要素法によるものと見たときは，たとえば，節点を $(0,0)$, $(0,h)$, (h,h) とする要素内で $\partial\hat{u}/\partial y = \hat{u}(h,h)/h$ が成立する．これを原点での $\partial u/\partial y = 0$ の近似とみなせば，y 方向導関数の誤差の目安の一つとなろう．表 7.5 に結果を示す．なお，$\hat{u}(h,h)/h$ は符号を除いて誤差そのもので，$\hat{u}(h,h)/h^2$ はその誤差を h で割ったものである．

これを見ると，誤差は h に比例するよりも少し遅いようである．そこで，$h = 1/400$ に対する計算を加え，$\hat{u}(h,h)/(h^2\lvert\log h\rvert)$ を求めた結果を表 7.6 に示す．

すなわち，誤差はほぼ $h\lvert\log h\rvert$ に比例している．その理由はともかく，誤差と h のべき乗との比を見るだけでは，誤差の挙動を十分にとらえきれない場合があり，数値実験では注意深い観察が必要である．

5. Poisson 方程式に対する有限要素解：円板領域

ここでは Ω を原点を中心とする半径 1 の円板領域とし，境界条件は Ω の全周で 0，$f(x,y) \equiv 4$ として，三角形 1 次有限要素で近似解を求めよう．このとき，厳密解は $u(x,y) = 1 - x^2 - y^2$ となるので，軸対称性（次章参照：解が $r = \sqrt{x^2+y^2}$ のみに依存），もしくは x, y 座標軸に関する対称性を利用して 1/4 領域のみを扱い，半径方向に現れる 2 線分上では斉次（値 0）の自然境界条件を課すものとする（したがって，弱定式化，ひいては有限要素法の利点とし

表 **7.7**　円板中心での u の近似値と誤差

h	1/10	1/20	1/40	1/100	1/200	1/300
$\hat{u}(0,0)$	0.99214	0.99767	0.99933	0.99987	0.99997	0.99998
$error$	$7.86e\text{-}3$	$2.33e\text{-}3$	$6.72e\text{-}4$	$1.27e\text{-}4$	$3.53e\text{-}5$	$1.66e\text{-}5$
$error/h^2$	0.786	0.931	1.08	1.27	1.41	1.50
$\dfrac{error}{h^2\lvert\log h\rvert}$	0.341	0.311	0.291	0.275	0.266	0.262

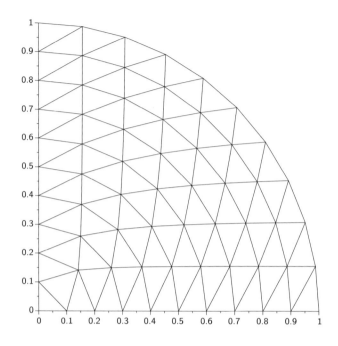

図 **7.5**　1/4 円板の分割例：$m = 10$, $h = 1/10$

て，何も特別なことをしなくてすむ）．三角形分割は，半径方向に m 等分，半径
$1/m, 2/m, \ldots, 1$ の同心円の円弧部分を内側から順に $1, 2, \ldots, m$ 等分し，図
7.5（$m = 10$ の場合）のように三角形分割した．なお，連立 1 次方程式は CG
法で解いた．また，代表的分割要素寸法を $h = 1/m$ とした．

表 7.7 に円板中心での有限要素解の値と誤差 $error = u(0,0) - \hat{u}(0,0) = 1 - \hat{u}(0,0)$ を示す．

誤差は h^2 よりも $h^2|\log h|$ にほぼ比例しており，数学的誤差解析でも，このよ
うな $|\log h|$ を含んだ評価がえられている [5]．

図 7.6 には，$m = 5$ について，x 軸上の u と $\hat{u}$（折れ線）を示した．この例で
は，粗い分割でも解の大体の傾向はとらえられている．

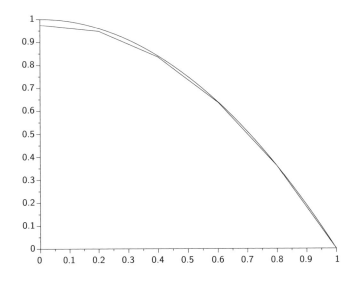

図 **7.6**　x 軸に沿った u と $\hat{u}$（折れ線）：$m = 5$, $h = 1/5$

参 考 文 献

[1] 寺沢寛一 編,『自然科学者のための数学概論　応用編』, 岩波書店, 1960.

[2] 菊地文雄, 齊藤宣一,『数値解析の原理　現象の解明をめざして』, 岩波書店, 2016.

[3] 笠原皓司,『微分積分学』, サイエンス社, 1974.

[4] 菊地文雄,『有限要素法概説　理工学における基礎と応用 [新訂版]』, サイエンス社, 1999.

[5] Brenner, S. C., Scott, L. R., *The Mathematical Theory of Finite Element Methods. 3rd ed.*, Springer-Verlag, 2007.

第8章 有限要素法における各種の話題

本章では，固体力学などで重要な有限要素法について，定式化や精度に関する話題を解説する．記号や用語は原則として前章と同一とする．

8.1 有限要素法と動的問題

前章では有限要素法については，静的問題ないし定常問題のみを扱い，**動的問題**ないし**非定常問題**については第5章の技法が適用できるとのみ述べた．以下にごく簡単ではあるが，有限要素法特有の考え方と手順を示そう．

まず，**棒の引張りとはり**（梁）の曲げの弱定式化では，$c(x) \equiv 1$ と簡略化し[1]，f を**慣性力**を考慮した $f - \partial^2 u / \partial t^2$ で置き換えると，（偏）微分方程式や弱形式がえられる．さらに減衰力の項も考慮すれば，より現実的な現象を扱えるが，ここでは省略する．もちろん，未知関数 u と自由項 f は（独立）変数を x と時刻 t の2つとする $u(x,t)$, $f(x,t)$ となり，常微分は偏微分で置き換え，また，初期条件も必要になる．すなわち，偏微分方程式を慣性力の項を移項した形で示せば，棒，はりの順に，

$$\frac{\partial^2 u}{\partial t^2} - \frac{\partial^2 u}{\partial x^2} = f(x,t) \tag{8.1}$$

$$\frac{\partial^2 u}{\partial t^2} - \frac{\partial^4 u}{\partial x^4} = f(x,t) \tag{8.2}$$

このとき，弱定式化に相当するのは，重み関数 $v(x)$（t の関数である必要はない．）に対し次式を要請することである（簡単のため斉次自然境界条件 $(g = 0)$

---

[1] c が一般の関数だと，慣性力の係数もこのように簡略化するのが自然である．

とする).

$$\left(\frac{\partial^2 u}{\partial t^2}, v\right) + \left(\frac{\partial u}{\partial x}, \frac{\partial v}{\partial x}\right) = (f, v) \tag{8.3}$$

$$\left(\frac{\partial^2 u}{\partial t^2}, v\right) + \left(\frac{\partial^2 u}{\partial x^2}, \frac{\partial^2 v}{\partial x^2}\right) = (f, v) \tag{8.4}$$

先に述べたように,上式は各 t で成立すればよいので,v の微分は実は常微分となる.また,内積 $(\cdot, \cdot)$ も定常問題のものと同一とする.

　通常の有限要素法では,節点変位は時刻 t の関数だが,形状関数の方は t に依存しないように選ぶ[2].したがって,弱形式に近似関数や重み関数を代入してえられる有限要素法での近似方程式は,棒の場合,加速度項(慣性力項の符号を反対にしたもの)からえられる**要素質量マトリックス**(正定値対称である)として

$$[M]_i = \begin{bmatrix} (L_1, L_1)_i & (L_1, L_2)_i \\ (L_2, L_1)_i & (L_2, L_2)_i \end{bmatrix} = \frac{h_i}{6} \begin{bmatrix} 2 & 1 \\ 1 & 2 \end{bmatrix} \tag{8.5}$$

を用い,t を(独立)変数とする次の連立常微分方程式になる(要素剛性マトリックスは式 (7.54) で $\bar{c}_i = 1$ と置いたもの).

$$\sum_{i=1}^{m} \hat{\boldsymbol{v}}_i^T [M]_i \frac{d^2 \hat{\boldsymbol{u}}_i}{dt^2} + \sum_{i=1}^{m} \hat{\boldsymbol{v}}_i^T [K]_i \hat{\boldsymbol{u}}_i = \sum_{i=1}^{m} \hat{\boldsymbol{v}}_i^T \boldsymbol{f}_i \tag{8.6}$$

このあとは,全体変位ベクトル $\boldsymbol{u}^*$,全体荷重ベクトル $\boldsymbol{f} = \boldsymbol{f}(t)$,全体剛性マトリックス $[K]$ による表示式 (7.56) に,全体加速度ベクトル $d^2\boldsymbol{u}^*/dt^2$ と全体質量マトリックス $[M]$ による項を加えてえられる次式を求め($\boldsymbol{f}$ には,基本境界条件が時間変化するときはその影響も考慮する),

$$[M]\frac{d^2 \boldsymbol{u}^*}{dt^2} + [K]\boldsymbol{u}^* = \boldsymbol{f} \tag{8.7}$$

これに初期条件を課し,第 5 章での常微分方程式の数値計算法を用いればよい[3].

　はりの場合も同様に,次のような正定値対称な要素質量マトリックスがえられる.ただし,節点変位の並び方は剛性マトリックスと同様とする.

---

[2] 高級な近似では,形状関数も t に依存するように選ぶことがある.
[3] 非定常問題の偏微分方程式独自の計算法もある.

$$[M]_i^B = \frac{h_i}{420} \begin{bmatrix} 156 & 22h_i & 54 & -13h_i \\ 22h_i & 4h_i^2 & 13h_i & -3h_i^2 \\ 54 & 13h_i & 156 & -22h_i \\ -13h_i & -3h_i^2 & -22h_i & 4h_i^2 \end{bmatrix} \tag{8.8}$$

　なお，空間1次元の**熱方程式**の有限要素法での近似方程式では，温度の時間変化率の項 $\partial u/\partial t$ に起因する項が現れ，それは式 (8.7) の左辺第1項を $[M]d\boldsymbol{u}^*/dt$ で置き換えたものになる.

　ちなみに，空間2次元の波動方程式や熱方程式では，やはり質量マトリックスがあらわれ，三角形1次要素の場合，次のようになる[4].

$$[M]_e = \begin{bmatrix} (L_1, L_1)_e & (L_1, L_2)_e & (L_1, L_3)_e \\ (L_2, L_1)_e & (L_2, L_2)_e & (L_2, L_3)_e \\ (L_3, L_1)_e & (L_3, L_2)_e & (L_3, L_3)_e \end{bmatrix} = \frac{|D_e|}{24} \begin{bmatrix} 2 & 1 & 1 \\ 1 & 2 & 1 \\ 1 & 1 & 2 \end{bmatrix} \tag{8.9}$$

ここでは L_1, L_2, L_3 は面積座標関数であり，$(\cdot, \cdot)_e$ は2関数の積の要素 e 上での重積分で定義される内積である.

　さて，一般には動的問題は初期値問題として解くが，$f = 0$, $\boldsymbol{f} = \boldsymbol{0}$ の場合はいわゆる**変数分離形** [1] の特別な解を求めて利用することがある．すなわち，棒やはりでは $u = U(x)\sin(\omega t - \phi)$, $\hat{u} = \hat{U}(x)\sin(\hat{\omega}t - \hat{\phi})$ の形の非ゼロ解（**定在波**）で，境界条件は U, $\hat{U}$ が受け持つ[5]．これを式 (8.1), (8.7) に代入すると，

$$-\frac{d^2u}{dx^2} = \omega^2 u, \quad [K]\hat{\boldsymbol{U}} = \hat{\omega}^2[M]\hat{\boldsymbol{U}}; \quad \hat{\boldsymbol{U}} は \hat{U} の節点値からなるベクトル \tag{8.10}$$

という**固有値問題**がえられるので，たとえば第6章で説明した方法で解けばよい.

　この方法の利点は，えられる固有関数，固有ベクトルが基底であることを用いて一般の解を表せること，計算を効率化するために，近似ではあるが，用いる固有関数，固有ベクトルの数をその次元より小さくできることである.

---

[4] 熱方程式では，質量という用語は物理的にはおかしいが，慣用的にこう呼ぶ.
[5] 課すべき境界条件は値 0，すなわち斉次とし，有限要素法の場合は基本境界条件のみでよい．熱方程式の場合は，時間部分は $\exp(-\lambda t)$, $\exp(-\hat{\lambda}t)$ となる．$\omega, \phi, \lambda, \hat{\omega}, \hat{\phi}, \hat{\lambda}$ は実数.

8.2　集中化と集中質量マトリックス

前節では質量マトリックスが導入されたので，これを用いて有限要素法での近似方程式を導いてみよう．どれも原理的には同じなので，たとえば空間1次元の熱方程式についてθスキームで前進差分近似$\theta = 0$の場合を示すと[6]，

$$\frac{4(u_{i,j+1} - u_{i,j}) + u_{i+1,j+1} - u_{i+1,j} + u_{i-1,j+1} - u_{i-1,j}}{6\tau}$$

$$= \frac{u_{i+1,j} - 2u_{i,j} + u_{i-1,j}}{h^2}; \quad 1 \le i \le m, \; j \ge 0 \quad (8.11)$$

これを見ると，式 (7.17) と異なり，左辺に$i+1$, $i-1$の項が現れており，前進差分近似ではあるが陽公式ではない．これはひとえに式 (8.5) の質量マトリックスの非対角成分が0でないためである．他方，右辺の方は前進差分スキームと一致している．

この事実は，計算効率の点からは少々都合が悪い．空間1次元問題ではまだしも，空間2次元問題ではかなりの計算負荷を与える．これを避けるために，質量マトリックスの**集中化**（lumping, ランピング）という手法があり，こうしてえられる質量マトリックスを**集中質量マトリックス**と称する[7]．これは物理的には，要素全体の質量を等分して各節点に振り分け，節点を質点のように扱うことであり，数学的には，質量マトリックスの積分を適当な数値積分公式（たとえば台形則）で近似的に実行することである．また，要素での形状関数を節点まわりで節点値をとる階段関数で近似することともみなせる．いずれにせよ，この場合，要素集中質量マトリックスは次のようになる．

$$[M]_i^L = \frac{h_i}{2} \begin{bmatrix} 1 & 0 \\ 0 & 1 \end{bmatrix} \quad (8.12)$$

こうしてえられる近似方程式は，この問題に関しては，第7章で述べた差分法による式 (7.17) で，$\theta = 0$と置いたもの（前進差分近似）と一致する．集中化しないものとの比較については，後に若干の数値例で示す．ただし，有限要素内の補間関数が高次多項式の場合は，集中化の効果は薄く，そもそもどう集中化す

---

[6] 記号については，差分法の記号から類推していただきたい．両辺をhで割り，$\hat{u}$は単にuと記した．境界条件は$u_0 = u_m = 0$として処理した．

[7] 集中化しないもとの質量マトリックスは**整合 (consistent) 質量マトリックス**と呼ばれる．

るかも定めがたい.

　次に，はり要素と三角形1次要素の要素集中質量マトリックスの例を与えておく.

$$[M]_i^{B,L,1} = \frac{h_i}{2}\begin{bmatrix} 1 & 0 & 0 & 0 \\ 0 & 0 & 0 & 0 \\ 0 & 0 & 1 & 0 \\ 0 & 0 & 0 & 0 \end{bmatrix}, \quad [M]_e^L = \frac{|D_e|}{6}\begin{bmatrix} 1 & 0 & 0 \\ 0 & 1 & 0 \\ 0 & 0 & 1 \end{bmatrix} \tag{8.13}$$

はりの場合，対角成分に0が現れるが，うまく処理すれば計算に利用できる[8]. 気になる方のためには，要素 I_i での質量マトリックスの計算に $(\hat{U}_x = d\hat{U}/dx)$

$$\hat{U}(x) = \begin{cases} \hat{U}_{i-1} + h_i L_2(x)\hat{U}_{x,i-1} & (x_{i-1} \le x < \frac{x_{i-1}+x_i}{2}) \\ \hat{U}_i - h_i L_1(x)\hat{U}_{x,i} & (\frac{x_{i-1}+x_i}{2} < x \le x_i) \end{cases} \tag{8.14}$$

と選ぶ方法もあり，次の正定値対称な要素質量マトリックスをえる.

$$[M]_i^{B,L,2} = \frac{h_i}{24}\begin{bmatrix} 12 & 6h_i & 0 & 0 \\ 6h_i & h_i^2 & 0 & 0 \\ 0 & 0 & 12 & -6h_i \\ 0 & 0 & -6h_i & h_i^2 \end{bmatrix} \tag{8.15}$$

これは三重対角行列で，ただの対角行列ほどではないが扱いやすい. さらに，要素長さ h_i がすべて同一ではりの両端で $\hat{U}_x = 0$ ならば，要素間での相殺の結果，全体質量マトリックス $[M]$ は対角行列になる. ただし，後の数値例で見るように期待したほどの精度はえられず，使用法さえ間違えなければ，式(8.13)の $[M]_i^{B,L,1}$ の方がよい場合もある.

8.3 数 値 例

1. 棒の固有値問題

　棒の長さを1とし，境界条件を $u(0) = u(1) = 0$ として，この問題を解こう. 小さい方から数えて k 番目の固有値 λ_k に対応する固有関数 $u^k(x)$ の厳密解は次

---

[8] えられる質量マトリックスは3.3節での正定値の定義で等号を加えたいわゆる半正定値になる. また，固有値の数はほぼ半減する.

のとおりである．ただし，$u^k(x)$ の最大値は 1 とした．

$$\lambda_k = k^2\pi^2, \ u^k(x) = \sin k\pi x; \quad k = 1, \ 2, \ \dots \tag{8.16}$$

　区間 $0 \le x \le 1$ を m 等分し，$h = 1/m$ とおく．境界条件は $u_0 = u_m = 0$ として処理し，熱方程式と同様な考え方で有限要素法で近似方程式を作成し，両辺を h で割った形で示せば次のようになる（$\hat{u}_i$ は u_i と記した）．

$$\frac{-u_{i+1} + 2u_i - u_{i-1}}{h^2} = \hat{\lambda}\frac{u_{i+1} + 4u_i + u_{i-1}}{6}; \quad 1 \le i \le m \tag{8.17}$$

対応する固有関数は厳密解の補間関数と一致することが確認でき，数値計算を用いなくても近似固有値がえられる．すなわち，

$$\hat{\lambda}_k = \frac{6(1 - \cos kh\pi)}{h^2(2 + \cos kh\pi)}, \ \hat{u}_i^k = \sin kih\pi; \quad 1 \le k \le m-1, \ 0 \le i \le m \tag{8.18}$$

一方，集中質量マトリックスを用いれば，近似方程式は式 (8.17) で右辺を u_i とおいたものになり[9]，近似固有値と対応する固有関数の節点値は次のようになる．

$$\hat{\lambda}_k^L = \frac{2(1 - \cos kh\pi)}{h^2}, \ \hat{u}_i^k = \sin kih\pi; \quad 1 \le k \le m-1, \ 0 \le i \le m \tag{8.19}$$

したがって，k が m に比較して小さいときの $kh\pi$ に関する Taylor 展開により，

$$\begin{cases} \hat{\lambda}_k = k^2\pi^2 \dfrac{1 - (hk\pi)^2/12 + \cdots}{1 - (hk\pi)^2/6 + \cdots} = k^2\pi^2[1 + (hk\pi)^2/12 + \cdots], \\ \hat{\lambda}_k^L = k^2\pi^2[1 - (hk\pi)^2/12 + \cdots] \end{cases} \tag{8.20}$$

これにより，どちらも k が小さいときの誤差は $O(h^2)$ であることがわかるが，本来の有限要素法による整合近似は大きめの近似なのに対し，集中質量マトリックスを用いた場合は小さめの近似になっている．

　ちなみに，最大固有値は次のようになる．

$$\hat{\lambda}_{m-1} = \frac{6(1 + \cos h\pi)}{h^2(2 - \cos h\pi)} \approx \frac{12}{h^2}, \quad \hat{\lambda}_{m-1}^L = \frac{2(1 + \cos h\pi)}{h^2} \approx \frac{4}{h^2} \tag{8.21}$$

すなわち，整合近似は集中近似の約 3 倍の最大固有値を与える．この事実は，後の 3. 熱方程式で参照される．

　次に近似固有値の k に関する全体的な様子を見るため，厳密値で除したものを縦軸に，$kh = k/m$ を横軸にとったものを，$m = 20$ に対し図 8.1 に示す．整

---

　[9] 熱方程式の場合と同様，単純な差分法による方程式に一致する．

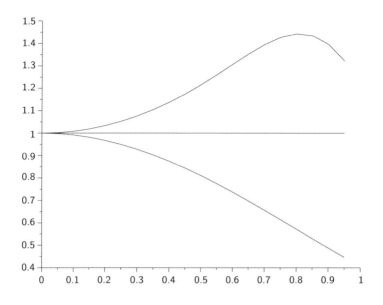

図 8.1　$m = 20$；上から $\hat{\lambda}_k/\lambda_k$, 1, $\hat{\lambda}_k^L/\lambda_k$，横軸は k/m

合マトリックスの場合は上からの近似，集中マトリックスに対しては下からの近似になっている．整合マトリックスに対する前者の傾向はかなり一般的に成立するが，後者は集中質量近似全般に成立するわけではない．なお，ここでのスケーリングを採用すると，グラフは m にほとんど依存しないことを確認できる．

2. はりの固有値問題

次に，はりの固有値問題を解いてみよう．境界条件は $u(0) = d^2u/dx^2(0) = u(1) = d^2u/dx^2(1) = 0$ とするが，2 階微分に関する条件は自然境界条件になるので，有限要素法では直接に考慮する必要はない．以下，順に $[M]_i$, $[M]_i^{B,L,1}$, $[M]_i^{B,L,2}$ を用いて最小固有値を求めた結果を示す．なお，厳密解 λ_1 および対応する固有関数 $u^1(x)$ は次のようになる．

$$\lambda_1 = \pi^4 = 97.40909103\cdots, \quad u^1(x) = \sin \pi x \tag{8.22}$$

近似固有値はシフト値を用いた逆反復法で求めた．この場合，前節で触れたように，右辺に質量マトリックスが現れるが，少しの工夫で標準的な逆反復法に近い手間で計算できる（6.3 節参照）．

表 **8.1**　はりの問題の計算結果（整合近似）

h	1/10	1/20	1/40
$\hat{\lambda}_1$	97.4104	97.4092	97.4091
$\lambda_1 - \hat{\lambda}_1$	$-1.314e{-}3$	$-8.231e{-}5$	$-5.147e{-}6$
$(\lambda_1 - \hat{\lambda}_1)/h^4$	-13.14	-13.17	-13.18

表 **8.2**　はりの問題の計算結果（$[M]_i^{B,L,1}$ 使用）

h	1/10	1/20	1/40
$\hat{\lambda}_1$	97.4077	97.4090	97.4091
$\lambda_1 - \hat{\lambda}_1$	$1.349e{-}3$	$8.285e{-}5$	$5.156e{-}6$
$(\lambda_1 - \hat{\lambda}_1)/h^4$	13.49	13.26	13.20

表 **8.3**　はりの問題の計算結果（$[M]_i^{B,L,2}$ 使用）

h	1/10	1/20	1/40
$\hat{\lambda}_1$	96.6132	97.2091	97.3590
$\lambda_1 - \hat{\lambda}_1$	$7.959e{-}1$	$2.000e{-}1$	$5.005e{-}2$
$(\lambda_1 - \hat{\lambda}_1)/h^2$	79.59	79.98	80.08

　整合質量マトリックスを用いた場合は表 8.1 のようになり（分割数 m, $h =$ $1/m$），近似固有値は厳密解より大きく，誤差はほぼ h^4 に比例する程度で，収束はきわめて速い．

　ついで式 (8.13) の集中質量マトリックスを用いると，結果は表 8.2 のようになった．近似固有値は小さめの値を与え，したがって誤差の符号も先とは逆になり，しかも誤差の大きさはほぼ同じである．一見，このような簡単な質量マトリックスが良好な結果を与えることは意外にも思えるが，時として簡略化があまり誤差を増大させず，計算の手間も減らせることがある．ただし，そのような手法の開発と使用には十分な検証が必要である．

　最後に，式 (8.15) の集中マトリックスによる結果を表 8.3 に示す．工夫した割には誤差はかえって増大し，収束の速さも h^2 に比例する程度に落ちている．また，近似値は厳密値より小さい．このように，数値計算では工夫が必ずしも性能の向上をもたらすとは限らず，そこに難しさと面白さがある．

3. 熱方程式

　熱方程式について，時間方向に前進差分近似 $(\theta = 0)$ を用いて計算した例を

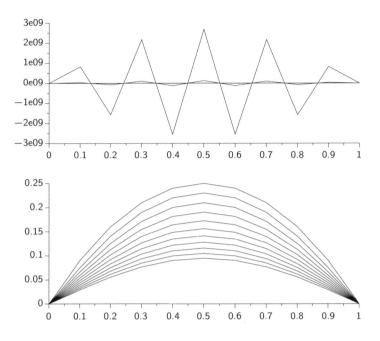

図 **8.2** 整合マトリックスを用いた場合の u の近似解：$h = 1/10$；上から $\tau/h^2 = 1/2$, $\tau/h^2 = 1/6$，横軸は x. 縦軸のスケールの大きな差に注意.

図 8.2 に示す．大まかな傾向を見るため，$h = 1/10$ としたが，これによると，$\tau/h^2 = 1/2$ では結果は発散し，$\tau/h^2 = 1/6$ でようやく安定な挙動を示した．これは，本来の有限要素法から導かれる整合近似での関連最大固有値が，式 (8.21) からわかるように，集中近似でのそれの約 3 倍大きくなっているためで，その結果，τ は差分法での値の 1/3 以下にとる必要がある．このように，集中化が計算式の簡略化だけでなく，数理的性質も改善する場合がある．

8.4 ロッキング

有限要素法である種の問題を解くと，時に数値解が異常に小さいことがある．この種のある数理現象は**ロッキング** (locking) と呼ばれ，せん断 (shear) ロッキング，膜 (membrane) ロッキング，体積 (volumetric) ロッキングなどが知られ

ている[10]．ここでは，8.1 節で述べた 4 階の空間微分が現れるはりモデルでの定常問題について，もう少し高度な 2 階の連立常微分方程式で記述される **Timoshenko**（ティモシェンコ）**はり**モデルに現れるせん断ロッキングについて解説する．

このモデルでは，変位ははりの中心軸（x 軸）に垂直な方向（y 軸）の変位 $w(x)$（たわみ），変形に伴う y 軸の回転角 $\theta(x)$（ここでは x 軸から y 軸に回る向きを正とする），はりの単位長さ当たりの y 方向分布荷重 $f(x)$ とすれば，仮想仕事の原理（弱定式化）は次の弱形式を用いて表される．

$$\left(\frac{d\theta}{dx}, \frac{d\theta^*}{dx}\right) + \gamma\left(\theta - \frac{dw}{dx}, \theta^* - \frac{dw^*}{dx}\right) = (f, w^*) \tag{8.23}$$

ここで * は仮想変位の印，γ はせん断力に関する正定数で，細長いはりでは相対的に大きな値を持つ．なお，$\theta = dw/dx$, $\theta^* = dw^*/dx$ と置けば，8.1 節のモデル（**Bernoulli–Euler**（ベルヌーイ–オイラー）**のモデル**）になる．

対応する連立常微分方程式は次のようになる．

$$-\gamma\frac{d^2w}{dx^2} + \gamma\frac{d\theta}{dx} = f, \quad -\frac{d^2\theta}{dx^2} + \gamma\theta - \gamma\frac{dw}{dx} = 0 \tag{8.24}$$

境界条件として，両端 $x = 0, 1$ で $w = \theta = 0$ を与え，$f^{(0)} = f(x)$ に対して累次原始関数を次式で与える．

$$f^{(-i)}(x) = \int_0^x f^{(1-i)}(s)\, ds \quad (i = 1, 2, 3, 4) \tag{8.25}$$

$f^{(0)}(0)$ を除いて $f^{(i)}(0) = 0$ に注意して計算すれば，厳密解は次式のようになる．

$$\begin{cases} w(x) = f^{(-4)}(x) - \dfrac{1}{\gamma}f^{(-2)}(x) + C_1\left(\dfrac{x^3}{6} - \dfrac{x}{\gamma}\right) + \dfrac{C_2}{2}x^2, \\[2mm] \theta(x) = f^{(-3)}(x) + \dfrac{C_1 x^2}{2} + C_2 x \end{cases} \tag{8.26}$$

ここに，

$$\begin{cases} C_1 = \dfrac{6\gamma}{\gamma + 12}\left(-f^{(-3)}(1) + 2f^{(-4)}(1) - \dfrac{2}{\gamma}f^{(-2)}(1)\right), \\[2mm] C_2 = \dfrac{2\gamma - 12}{\gamma + 12}f^{(-3)}(1) - \dfrac{3\gamma}{\gamma + 12}\left(2f^{(-4)}(1) - \dfrac{2}{\gamma}f^{(-2)}(1)\right) \end{cases} \tag{8.27}$$

---

[10] 興味がない方は本節での力学的用語にこだわらなくてよい．同様な数理現象は差分法でも起こりえるであろうが，典型的な有名事例はない．また，以下では諸量を無次元化している．

後の数値実験のため，$f(x) \equiv 1$ の場合の厳密解を求めておこう．$f^{(-1)}(x) = x$, $f^{(-2)}(x) = x^2/2$, $f^{(-3)}(x) = x^3/6$, $f^{(-4)}(x) = x^4/24$ より $C_1 = -1/2$, $C_2 = 1/12$ となり，次式をえる．

$$\begin{cases} w(x) = \dfrac{x^4}{24} - \dfrac{x^3}{12} + (\dfrac{1}{24} - \dfrac{1}{2\gamma})x^2 + \dfrac{x}{2\gamma}, \\ \theta(x) = \dfrac{x^3}{6} - \dfrac{x^2}{4} + \dfrac{x}{12} \end{cases} \tag{8.28}$$

特に，中央での w の値は $\dfrac{1}{384} + \dfrac{1}{8\gamma} = 0.0026041666\cdots + \dfrac{0.125}{\gamma}$ である．

前記の弱形式を用い，w, θ をともに区分1次補間多項式で近似すれば，ある意味で最も簡単な有限要素モデルがえられ，要素剛性マトリックスは次のようになる．ただし，節点変位と回転角の並び方は $w_{i-1}, \theta_{i-1}, w_i, \theta_i$ とした．

$$[K]_i = \frac{1}{h_i} \begin{bmatrix} \gamma & \frac{\gamma h_i}{2} & -\gamma & \frac{\gamma h_i}{2} \\ \frac{\gamma h_i}{2} & 1 + \frac{\gamma h_i^2}{3} & -\frac{\gamma h_i}{2} & -1 + \frac{\gamma h_i^2}{6} \\ -\gamma & -\frac{\gamma h_i}{2} & \gamma & -\frac{\gamma h_i}{2} \\ \frac{\gamma h_i}{2} & -1 + \frac{\gamma h_i^2}{6} & -\frac{\gamma h_i}{2} & 1 + \frac{\gamma h_i^2}{3} \end{bmatrix} \tag{8.29}$$

この有限要素を 10, 20, 40, 100, 200 個用い，長さ 1 のはりで $f(x) \equiv 384$ とし（$w(1/2)$ の支配項が 1 となるように選んだ），$\gamma = 100, 1000, 10000$ について解いてみた．境界条件は $x = 0, 1$ で $w = \theta = 0$ とした．分割は等分割とするので，要素寸法 h は 1/10, 1/20, 1/40, 1/100, 1/200 となる．以下に，はり中央でのたわみ $w(0.5)$ の近似値 $\hat{w}(0.5)$ と誤差 $error = w(0.5) - \hat{w}(0.5)$ を表 8.4 に示す．表からわかるように，γ が大きく要素数が少ないと，たわみの数値解は極端に小さくなる．同一の γ に対しては，要素数が多くなれば結果は改善され，h が小さければ誤差が h^2 に比例する程度にはなるが，それでも同じ要素数で γ を小さくすれば，数値解は劣化する．

この原因を少し考えてみよう．3.3.2 項と同様な考察をすると，先の仮想仕事の原理は次の量（**ポテンシャル・エネルギー**，**汎関数**）の最小化と等価なことを示せる．

$$J(w, \theta) = \frac{1}{2} \left\| \frac{d\theta}{dx} \right\|^2 + \frac{\gamma}{2} \left\| \theta - \frac{w}{dx} \right\|^2 - (f, w) \tag{8.30}$$

ただし，$\|\cdot\|$ は内積 $(\cdot, \cdot)$ に対応するノルムである：$\|w\| = (w, w)^{1/2}$．この量

表 8.4　本来の近似による $\hat{w}(0.5)$ の数値結果

$\gamma, w(0.5)$	100, 1.48		1000, 1.048		10000, 1.0048	
h	$\hat{w}(0.5)$	$error$	$\hat{w}(0.5)$	$error$	$\hat{w}(0.5)$	$error$
0.1	1.36615	0.13385	0.57164	0.47636	0.10766	0.89714
0.05	1.44980	0.03020	0.86731	0.18069	0.32588	0.67892
0.025	1.47233	0.00767	0.99681	0.05188	0.66069	0.34411
0.01	1.47877	0.00123	1.03934	0.00866	0.92751	0.07729
0.005	1.47969	0.00031	1.04582	0.00218	0.98429	0.02051

を最小化するためには，大きな係数 γ がかかった $\theta - dw/dx$ を小さくする必要
があり，特に，$\theta = dw/dx$ と置いた $J(w, dw/dx)$ は 7.3.1 項で述べたはり理論で
のポテンシャル・エネルギーとなる．また，正解の候補は必ずしも $\theta = dw/dx$
を厳密には満たさなくてよいので，本節での正解のエネルギーの方がより小さく
なる．その結果，本節のはりモデルの正解は全体としてより柔なものになる．

　他方，有限要素近似の方でも $\hat{\theta} - d\hat{w}/dx$ は小さくなろうとするが，この量が
ほとんど 0 になった状態を考えると，$\hat{w}$ も $\hat{\theta}$ も要素内で 1 次式なので，$d\hat{w}/dx$
は定数であることに注意すれば，

$$\hat{\theta} \approx dw/dx \Longrightarrow \hat{\theta} \text{ も要素内でほぼ定数} \tag{8.31}$$

となる．$\hat{w}, \hat{\theta}$ がはり全体で連続であることを考慮すれば，$\hat{\theta}$ ははり全体でほぼ定
数，$\hat{w}$ ははり全体ではほぼ 1 次式だが，境界条件を考慮すれば，近似たわみ $\hat{w}$ も
近似回転角 $\hat{\theta}$ もほぼ 0 ということになる．

　以上の考察から，どうも θ の近似が 1 次式のまま $\hat{\theta} - d\hat{w}/dx$ の項に入ってい
るのが問題のようである．そこで，$\hat{\theta}$ については要素平均値 $(\hat{\theta}_{i-1} + \hat{\theta}_i)/2$ で代
用してみる．同じ結果は，γ を係数とする項の積分を台形則や中点則で数値積分
してもえられる[11]．このような手法は**混合法** (mixed method) とか**次数低減積分**
(reduced integration) などと呼ばれる技法に入る．こうしてえられる要素剛性マ
トリックスは次式で与えられる（波の下線は変更部分）．

---

[11] より複雑な問題でも，このような手法はある程度まで有効だが，同じ効果をもたらすとは限らな
い．また，この種の項の評価を簡略化しすぎると，数値的不安定性や誤差の増大を招く．

表 8.5 マトリックスを補正した場合の $\hat{w}(0.5)$ の数値結果

$\gamma, w(0.5)$	100, 1.48		1000, 1.048		10000, 1.0048	
h	$\hat{w}(0.5)$	$error$	$\hat{w}(0.5)$	$error$	$\hat{w}(0.5)$	$error$
0.1	1.44000	0.04000	1.00800	0.04000	0.96480	0.04000
0.05	1.47000	0.01000	1.03800	0.01000	0.99480	0.01000
0.025	1.47750	0.00250	1.04550	0.00250	1.00230	0.00250
0.01	1.47960	0.00040	1.04760	0.00040	1.00440	0.00040
0.005	1.47990	0.00010	1.04790	0.00010	1.00470	0.00010

$$[K]_i^{RI} = \frac{1}{h_i} \begin{bmatrix} \gamma & \frac{\gamma h_i}{2} & -\gamma & \frac{\gamma h_i}{2} \\ \frac{\gamma h_i}{2} & 1 + \frac{\gamma h_i^2}{4} & -\frac{\gamma h_i}{2} & -1 + \frac{\gamma h_i^2}{4} \\ -\gamma & -\frac{\gamma h_i}{2} & \gamma & -\frac{\gamma h_i}{2} \\ \frac{\gamma h_i}{2} & -1 + \frac{\gamma h_i^2}{4} & -\frac{\gamma h_i}{2} & 1 + \frac{\gamma h_i^2}{4} \end{bmatrix} \tag{8.32}$$

このマトリックスを用い，先と同じ問題を解いてみると表 8.5 のようになった．これを見ると，γ が大きいところではもとのマトリックスとは大きく違った結果がえられている．特に，γ に対する依存性が小さく（ロバスト），誤差はきれいに h^2 に比例して減衰している．このように，数値計算では，扱う式の微妙な変更により大幅な改善がもたらされることがある．ただし，そのような式の発見には多大な努力がはらわれてきたし，現在もそのような試みは続いている．

8.5 Poisson 方程式の極座標表示と軸対称問題

一般に有限要素法では，局所的に曲線座標系を用いることはあるが，大域的には直交デカルト座標系ですますことが多い．しかし**極座標系**については，軸対称解や円周方向に正弦状に変化する解を求める際に便利に利用できる．以下では，2 次元 Poisson 方程式について方程式の極座標系での表示を求め，特に**軸対称解**に対する有限要素方程式を導こう．このような手法は，本来は空間 2 次元の問題を 1 変数の問題に簡略化できるという意味で有益である．

まず，デカルト座標 (x, y) と極座標 (r, θ) の間には次の関係がある．

$$x = r\cos\theta, \ y = r\sin\theta; \quad r = \sqrt{x^2 + y^2}, \ \theta = \arctan\frac{y}{x} \tag{8.33}$$

ただし，逆正接関数 arctan の値については注意が必要である（本来，多価関数であるものの主値をとっている）．いま，デカルト座標系での関数 $u(x,y)$ に対して変数を極座標に変換した関数を，同じ記号 u を用いて $u(r,\theta)$ と記せば，合成関数の微分公式により [3]，

$$
\begin{cases}
\dfrac{\partial u}{\partial x} = \dfrac{\partial u}{\partial r}\dfrac{\partial r}{\partial x} + \dfrac{\partial u}{\partial \theta}\dfrac{\partial \theta}{\partial x} = \cos\theta\,\dfrac{\partial u}{\partial r} - \dfrac{\sin\theta}{r}\dfrac{\partial u}{\partial \theta} \\[3mm]
\dfrac{\partial u}{\partial y} = \dfrac{\partial u}{\partial r}\dfrac{\partial r}{\partial y} + \dfrac{\partial u}{\partial \theta}\dfrac{\partial \theta}{\partial y} = \sin\theta\,\dfrac{\partial u}{\partial r} + \dfrac{\cos\theta}{r}\dfrac{\partial u}{\partial \theta}
\end{cases}
\tag{8.34}
$$

また，変数変換にともなうヤコビアン $J(r,\theta)$ は次式で与えられる [3]．

$$
J(r,\theta) = \frac{\partial x}{\partial r}\frac{\partial y}{\partial \theta} - \frac{\partial y}{\partial r}\frac{\partial x}{\partial \theta} = r(\cos^2\theta + \sin^2\theta) = r
\tag{8.35}
$$

したがって，極座標表示における微小面積要素は $r\,dr\,d\theta$ となる．

弱形式 (7.43) で重み関数 v についても同様な変換をし，ヤコビアン r に留意して整理すれば次式をえる．

$$
\iint_{\Omega_{r,\theta}} \left(\frac{\partial u}{\partial r}\frac{\partial v}{\partial r} + \frac{1}{r^2}\frac{\partial u}{\partial \theta}\frac{\partial v}{\partial \theta} \right) r\,dr\,d\theta
$$
$$
= \iint_{\Omega_{r,\theta}} f(r\cos\theta, r\sin\theta)v\,r\,dr\,d\theta + \int_{\Gamma_{2,r,\theta}} g(r\cos\theta, r\sin\theta)v\,ds
\tag{8.36}
$$

ただし，2 重積分は Ω の極座標変換による像となる領域 $\Omega_{r,\theta}$ で実行し，Γ_2 の像である曲線 $\Gamma_{2,r,\theta}$ での線積分における微小線素 ds は，通常の長さの次元を持つものとする．また，座標変換後の Poisson 方程式は次のようになる．

$$
-\frac{\partial}{\partial r}\left(r\frac{\partial u}{\partial r} \right) - \frac{1}{r}\frac{\partial^2 u}{\partial \theta^2} = rf
\tag{8.37}
$$

いま，領域形状を円板や円環とし，関数 u,v,f,g が r のみを変数とする軸対称問題とする．すなわち，変数 θ に依存しない解 u を求める問題である．このとき，$u(r,\theta) = u(r,0)$ であるが，これを $u(r)$ と記し，f,g,v についても同様として，弱形式 (8.36) での θ に関する積分を 0 から 1 について実行すれば，軸対称問題に対する次の弱形式をえる（r に関する偏微分が常微分になり，θ に関する微分は 0 になったことに注意）．

$$
\int_a^b \frac{du}{dr}\frac{dv}{dr}r\,dr = \int_a^b f(r)v(r)r\,dr + bg(b)v(b) - ag(a)v(a)
\tag{8.38}
$$

ここで，区間 $0 \le a < r < b$ は Ω の r 方向線分であり，境界条件として $u(a)$，$u(b)$ の一方または両方の値が与えられている場合は，対応する $v(a)$，$v(b)$ の値は

0 とする. ただし $a = 0$ の場合は, $u(a)$, $v(a)$ の値を指定はできない. ちなみに, 式 (8.37) の偏微分方程式は次の常微分方程式に簡略化される.

$$-\frac{d}{dr}\left(r\frac{du}{dr}\right) = rf \tag{8.39}$$

これは式 (7.38) で変数を x から r にした上で $c(r) = r$ とし, 右辺の f の方は $rf(r)$ としたものに等しい.

この問題を 1 次元の有限要素法として解くため, 左から i 番目の代表要素の区間を小区間 $r_{i-1} < r < r_i$ とし, 近似関数 $\hat{u}(r)$ は各要素で r の 1 次多項式とする. 式 (8.39) の直後の注意により, 式 (7.54), (7.55) と同様な計算で次式をえる ($h_i = r_i - r_{1-1}$, L_1^i, L_2^i は式 (7.46) と同様).

$$[K]_i = \frac{r_1 + r_2}{2h_i}\begin{bmatrix} 1 & -1 \\ -1 & 1 \end{bmatrix}, \quad \boldsymbol{f}_i = \begin{pmatrix} (rf, L_1^i)_i \\ (rf, L_2^i)_i \end{pmatrix}$$

$$\boldsymbol{g}_1 = -\begin{pmatrix} ag(a) \\ 0 \end{pmatrix}, \quad \boldsymbol{g}_m = \begin{pmatrix} 0 \\ bg(b) \end{pmatrix} \tag{8.40}$$

なお, f が要素内で定数関数 $f(r) \equiv \bar{f}_i$ の場合は, $\boldsymbol{f}_i$ は次のようになる.

$$\boldsymbol{f}_i = \frac{\bar{f}_i h_i}{6}\begin{pmatrix} 2r_1 + r_2 \\ r_1 + 2r_2 \end{pmatrix} \tag{8.41}$$

以下は 7.4 節のテーパー付き棒の解析と同様な計算をすればよい.

ここでは $a = 0$, $b = 1$, $u(1) = 0$, $f(r) \equiv 4$ の場合を考察しよう. 式 (8.39) を積分を用いて解けば, 一般解は $u(r) = -r^2 + C_1 \log r + C_2$ (C_1, C_2 は任意の定数) となる. $a \neq 0$ ならば, 通常は $r = a, b$ での境界条件から C_1, C_2 が定まるが, $a = 0$ の場合は対数項による発散を除くため C_1 の項は除き[12], $u(1) = 0$ から $C_2 = 1$ となる. したがって, $u(r)$, $u(x, y)$ は次のように定まる.

$$u(r) = 1 - r^2, \quad u(x, y) = 1 - x^2 - y^2 \tag{8.42}$$

表 8.6 に, r 方向に一様な分割 (m 等分, $h_i = h = 1/m$) を用いた計算結果を, $error = \hat{u}(0) - u(0) = \hat{u}(0) - 1$, $error1 = error/h^2$, $error2 = error1/|\log h|$ について示す. これによれば, 誤差は h^2 よりも少し遅く, $|\log h|h^2$ 程度の速さで減少しているようで, テーパー付きの棒の場合よりも少し精度が落ちる. 因子

---

[12] 弱定式化ではこの操作は自動的になされる. 弱形式での積分が有限になるという条件が陰に課されているため.

表 8.6 軸対称解の $r = 0$ での $\hat{u}$ の誤差

h	$error$	$error1$	$error2$
$1/10$	$7.111e\text{-}3$	$7.111e\text{-}1$	$3.088e\text{-}1$
$1/100$	$1.095e\text{-}4$	1.095	$2.377e\text{-}1$
$1/1000$	$1.479e\text{-}6$	1.479	$2.140e\text{-}1$
$1/10000$	$1.864e\text{-}8$	1.864	$2.024e\text{-}1$

$|\log h|$ は前節の数値例でも現れたが，その理論解析は難しいようである[13].

　最後に応用として，解 $u(r, n\theta)$ が $u(r)\cos n\theta$ ないし $u(r)\sin n\theta$ （n は自然数）という**変数分離形**の解の計算法について触れておく[14]. ちなみに，軸対称解は余弦の項で形式的に $n = 0$ ととったものに対応する. 同様な変数分離形は $f(r, \theta)$, $g(r, \theta)$ についても採用する. このような変数分離形の解を利用して，周方向に **Fourier 級数法**を用いれば，より一般の解を表すことができる.

　これらに大きな違いはないため，ここでは $u(r)\cos n\theta$ の方について簡単に述べる. v にも同様な関数形を仮定して式 (8.36) に代入すると，$\int_0^{2\pi} \cos^2 n\theta\, d\theta = \int_0^{2\pi} \sin^2 n\theta\, d\theta = \pi$ が共通の係数として現れるが，これを省いて表示すれば次のようになる.

$$\int_a^b \left(\frac{du}{dr}\frac{dv}{dr} + \frac{n^2}{r^2}uv \right) r\, dr = \int_a^b f(r)v(r)r\, dr + g(b)v(b)b - g(a)v(a)a \quad (8.43)$$

これから導かれる $u(r)$ に関する常微分方程式は下記のとおりである.

$$-\frac{d}{dr}\left(r\frac{du}{dr} \right) + \frac{n^2}{r}u = rf \quad (8.44)$$

$f(r) = 0$ のとき（斉次方程式），一般解は $C_1 r^n + C_2/r^n$ となるが，$a = 0$ の場合は第2項は消える. これに加え f が必ずしも0でない場合（非斉次方程式）の解を1つ（**特殊解**）見つければ，その1次結合により非斉次方程式の**一般解**がえられるので [3, 6]，あとは $r = a, b$ での境界条件を満たすように C_1, C_2 を定めれば，この境界値問題の解が求められる. ただし $a = 0$ の場合は，C_2/r^n の項を排除するため，$u(0) = v(0) = 0$ を課す必要があり，任意に指定できるのは $r = b$ での境界条件のみとなる.

　以下に，$a = 0$, $b = 1$, $\frac{du}{dr}(1) = 0$ に対し解の例を与えるが，先に $f(r)$ を指定

---

[13] Poisson 方程式の三角形1次要素の結果は文献 [5] 参照.
[14] 同じ記号 u を2つの意味で用いている. f, g も同様.

表 8.7 $n = 1$ の変数分離解での外周における $\hat{u}$ の誤差

Gauss 公式	2 点公式		3 点公式	
h	$error$	$error1$	$error$	$error2$
1/10	$6.03e{-}6$	$6.03e{-}2$	$3.90e{-}5$	$3.90e{-}3$
1/20	$3.74e{-}7$	$5.98e{-}2$	$6.06e{-}11$	$3.88e{-}3$
1/30	$7.38e{-}8$	$5.98e{-}2$	$5.30e{-}12$	$3.87e{-}3$

して解くのは難しいので，解の候補の形を与えた上で，微分方程式の左辺に代入して $f(r)$ を求めるという，通常とは逆の手法を用いる．これは次節で述べる**創生解**の例である．斉次方程式の解はすでに求められているので，斉次解 r^n に非斉次解として $Cr^n \sin \pi r$ を足した次の形の関数を用いよう．

$$u(r) = r^n + \frac{n}{\pi} r^n \sin \pi r \quad \left(\frac{du}{dr}(1) = 0 \ \text{を課して} \ C \ \text{を定めた} \right) \tag{8.45}$$

この関数は $u(1) = 1$ を満たすように大きさを調節してある．これを常微分方程式 (8.44) の左辺に代入し r で除せば，所要の $f(r)$ が次のように求められる．

$$f(r) = n\pi r^n \sin \pi r - n(2n+1)r^{n-1} \cos \pi r \tag{8.46}$$

この問題を有限要素法で解くには，軸対称の場合の要素剛性マトリックスに，項 $n^2 uv/r$ から生じる次のマトリックスを加える必要がある．

$$n^2 \begin{bmatrix} (L_1/r, L_1)_i & (L_1/r, L_2)_i \\ (L_2/r, L_1)_i & (L_2/r, L_2)_i \end{bmatrix} \tag{8.47}$$

特に $n = 1$ の場合，すなわち $f(r) = \pi r \sin \pi r - 3 \cos \pi r$, $u(r) = r + \dfrac{r}{\pi} \sin \pi r$ に対して，有限要素法で解いた $\hat{u}(1)$ の結果を表 8.7 に示す．ただし，諸量の積分を厳密に実行するのは手間がかかり，また困難なので，ここでは各要素で Gauss の 2 点公式と 3 点公式を使ってみた．

表 8.7 に，r 方向に一様な分割（m 等分，$h_i = h = 1/m$）を用いた計算結果を示すが，$error = \hat{u}(1) - u(1) = \hat{u}(1) - 1$, 2 点 Gauss の場合に $error1 = error/h^4$, 3 点 Gauss の場合には $error2 = error/h^6$ とする．

この結果を見ると，誤差がきわめて小さく収束が速いことがわかる．これは**超収束**の一例で，有限要素法における積分が厳密に求められていれば，その節点値は厳密解のそれと一致することが示せる [2]．誤差は数値積分によるもので，公式の次数を上げれば誤差はより速く収束することが確認できる．ちなみに，3 点

表 8.8　$n = 2$ の変数分離解での外周における $\hat{u}$ の誤差

Gauss 公式	2 点公式		3 点公式	
h	$error$	$error/h^2$	$error$	$error/h^2$
$1/10$	$8.45e{-}4$	$8.45e{-}2$	$8.19e{-}4$	$8.19e{-}2$
$1/20$	$2.09e{-}4$	$8.36e{-}2$	$2.07e{-}4$	$8.30e{-}2$
$1/40$	$5.21e{-}5$	$8.34e{-}2$	$5.20e{-}5$	$8.32e{-}2$
$1/100$	$8.33e{-}6$	$8.33e{-}2$	$8.33e{-}6$	$8.33e{-}2$

公式で h をこれ以上小さくすると，倍精度では計算機誤差が無視できなくなるので，h は 1/30 までの範囲にとどめた．また，この結果からわかるように，誤差はそれぞれ h^4, h^6 に比例する程度で，これは Gauss の積分公式の誤差と整合する．計算してみることにより，意外なところでこのような現象に出会ったといえる（後からの理論づけは可能だが）．

なお，このような超収束現象は $n = 1$ の場合に限られており，実際，$n = 2$ の場合は，$error = \hat{u}(1) - 1$ について表 8.8 のようになった．これを見ると，公式の差は結果にあまり影響を与えておらず，誤差はほぼ h^2 に比例する程度の速さで減少している．

以上ではスカラー値の関数についてのみ考察した．次章で述べるような 2 次元以上の弾性体などの極座標系や円筒座標系での解析では，ベクトルやテンソルの知識も必要になるが，詳細は省略する．

8.6　参照厳密解の構成法

以下，1.4 節の記述とも相通じるが，一般に数値解がえられたとき，その精度や誤差がどの程度かを知るのは難しい．計算機誤差については，実用的には実数型の桁数を上げてみるのが普通である．他方，計算法自体に内在する誤差については，事前誤差評価，事後誤差評価，精度保証数値計算などが研究されているが [7, 8]，数学者以外の一般の方には敷居が高いかもしれないし，必ずしも実用レベルで利用できるとは言い難い．

そこでまず考えられるのは，解きたい問題に似た問題で，正解（**参照厳密解**）が求められるものと比較することである．ただし，その場合も閉じた公式で解がえられるとは限らず，無限級数やある種の反復法で十分な項や反復数をとったものが使われる．たとえば，3.7 節や 7.4 節では **Fourier 級数**が利用された [2]．

　もう少し複雑な問題では，似た問題を見つけるのも難しい．そのような場合，解 u を強引に先に与え，それを方程式や境界条件，初期条件などに代入し，えられた剰余項（非斉次項）を用いて差分法や有限要素法で解き，その誤差を調べることがある．このような人工的な解は**創生解** (manufactured solution)[15]と呼ばれ，随所で用いられており，3.6 節や前節にはその例が与えられている．ただし，このような解にはなめらかなものを選びがちで，一般の複雑な解の挙動を知るには選び方に注意がいる．

　それも困難なときは，その計算法が妥当なものと信じて，非常に細かい格子幅や要素寸法による数値解を用い，現在計算している数値解と比較する方法がとられる．また，同じ問題に対する信頼できるソフトウェアによる解と比較したり，さらにさかのぼって物理実験による検証などもなされる．時として，比較に用いた複数のソフトウェアの優劣についてもわかるであろう．

　以上のような手順は常時行う必要はないが，時代とともに扱う問題の規模や種類が変化した場合は，たとえ同じプログラムを使用したとしても，実行することが望ましい．1.4 節の繰り返しになるが，小規模な問題では倍精度で十分な場合でも，規模が大きくなると 4 倍精度が必要となろう．

8.7　結　び

　本章では，有限要素法における各種の話題と，それに関連する誤差，精度について，参照厳密解や数値解をあげて解説した．本章で述べた個々の事項は，おおむね既知のものだが，書籍の形でまとめたものは少ないと思う．論文の形で利用できるものはあるが，一般の読者には煩わしいと思い，引用しなかった．しかし，計算をしていて出会う数理現象に気付いたときに，本章の内容はその理解に多少は役に立つと考え，この章を加えた．

参 考 文 献

[1] 寺沢寛一編，『自然科学者のための数学概論　応用編』，岩波書店，1960.
[2] 菊地文雄，齊藤宣一，『数値解析の原理　現象の解明をめざして』，岩波書店，2016.
[3] 笠原皓司，『微分積分学』，サイエンス社，1974.

---

[15] 訳語は山田貴博横浜国立大学教授と田端正久九州大学名誉教授による．

[4] 菊地文雄, 『有限要素法概説 理工学における基礎と応用 [新訂版]』, サイエンス社, 1999.

[5] Brenner, S. C., Scott, L. R., *The Mathematical Theory of Finite Element Methods. 3rd ed.*, Springer-Verlag, 2007.

[6] 笠原皓司, 『微分方程式の基礎』, 朝倉書店, 1982.

[7] 中尾充宏, 山本野人, 『精度保証付き数値計算』, 日本評論社, 1998.

[8] 大石進一, 『精度保証付き数値計算』, コロナ社, 2000.

第9章　2次元弾性体の線形問題と有限要素法

本章では，有限要素法の中でも最も歴史が古く，しかも現役の Turner–Clough–Martin–Topp（ターナー–クラッフ–マーティン–トップ）の三角形1次有限要素法について概要を説明する [1]．これは第7章で導入した Poisson 方程式に対する三角形1次要素が基礎になっているが，単純な拡張ではないし，構造解析分野ではより基本的かつ重要であるので，別に章を与えた．なお，本章の性格上，**固体力学**の用語が頻出するが，専門外の方は式だけでも追って頂ければ幸いである．

9.1　3次元均質等方性弾性体の線形理論

ここでは xyz 直交デカルト座標系を用い，弾性体の点 (x, y, z) の x, y, z 方向移動量，すなわち**変位**を $\boldsymbol{u}(x, y, z) = [u_x(x, y, z), u_y(x, y, z), u_z(x, y, z)]^T$ で表す．次に，弾性体の変形により生じる座標軸方向の局所的な伸び縮み率（**垂直ひずみ**）と，直交する2座標軸の間の角度変化（**せん断ひずみ**）を次式で与える．

$$\begin{cases} \varepsilon_x = \dfrac{\partial u_x}{\partial x}, \quad \varepsilon_y = \dfrac{\partial u_y}{\partial y}, \quad \varepsilon_z = \dfrac{\partial u_z}{\partial z} \\[2mm] \gamma_{xy} = \dfrac{\partial u_x}{\partial y} + \dfrac{\partial u_y}{\partial x}, \quad \gamma_{yz} = \dfrac{\partial u_y}{\partial z} + \dfrac{\partial u_z}{\partial y}, \quad \gamma_{zx} = \dfrac{\partial u_z}{\partial x} + \dfrac{\partial u_x}{\partial z} \end{cases} \tag{9.1}$$

ここで，ε は垂直ひずみを，その下添え字は座標軸方向を表わす．また，γ はせん断ひずみを，下添え字は関連する2つの座標軸を示す．

弾性体が変形してひずみが生じると，弾性体内部に内力が発生する．座標軸方向に垂直な面（x 軸なら yz 平面）に発生する単位面積あたりの力（ベクトル）を**応力**と呼び，座標軸方向応力成分を**垂直応力**，面内方向成分を**せん断応力**とい

う．3 次元微小直方体に作用する力やモーメントのつり合いから，独立な成分は6 個になり，それらを垂直応力は $\sigma_x, \sigma_y, \sigma_z$，せん断応力は $\tau_{xy}, \tau_{yz}, \tau_{zx}$ と記す．ここで，下添え字は同じ下添え字のひずみに対応し，せん断応力については先の文字が座標軸，後の文字が座標軸に直交する面内での 2 方向のいずれかを表すが，順序を逆にしたものと値は同一である（$\tau_{yx} = \tau_{xy}$ など）．

いま，応力とひずみの間に**等方性**で線形の関係を仮定すれば，**一般化 Hooke の法則**として，**Young 率** E と **Poisson 比** ν を用いた次式が成立する．

$$\begin{cases} \varepsilon_x = \dfrac{1}{E}(\sigma_x - \nu\sigma_y - \nu\sigma_z), \\ \varepsilon_y = \dfrac{1}{E}(\sigma_y - \nu\sigma_x - \nu\sigma_z), \\ \varepsilon_z = \dfrac{1}{E}(\sigma_z - \nu\sigma_x - \nu\sigma_y), \\ \gamma_{xy} = \dfrac{1}{G}\tau_{xy}, \quad \gamma_{yz} = \dfrac{1}{G}\tau_{yz}, \quad \gamma_{zx} = \dfrac{1}{G}\tau_{zx} \end{cases} \tag{9.2}$$

ここで，$G = E/\{2(1+\nu)\}$ であるが，この関係式は弾性体の等方性から導かれる[1]．垂直ひずみと垂直応力の間の関係を示す前半の式は，同じ方向の垂直応力との比例係数が Young 率 E であることに対応し，それに直交する方向の垂直応力からは Poisson 比 ν 分の縮み（伸び）が生ずることを意味する．せん断に関する後半の式は，単純比例関係を示す．通常 $E > 0, 0 < \nu < 1/2$ である．

式 (9.2) のひずみ–応力関係式は，応力，ひずみを並べた列ベクトル $\boldsymbol{\sigma}, \boldsymbol{\varepsilon}$ とそれらを結びつけるマトリックスを用いて整理でき，それを逆に解けば次の**応力–ひずみ関係式**をえる（E, ν は弾性体の**均質性**に対応して定数とする）．

---

[1] ここで等方とは各点でどの方向を見ても性質が変わらないこと，また，均質とは異なる点でも性質が同じことを意味する．なお，ここでのひずみは**線形ひずみ**である．

$$\boldsymbol{\sigma} = [D]\boldsymbol{\varepsilon}; \ \ \boldsymbol{\sigma} = [\sigma_x, \sigma_y, \sigma_z, \tau_{xy}, \tau_{yz}, \tau_{zx}]^T, \ \ \boldsymbol{\varepsilon} = [\varepsilon_x, \varepsilon_y, \varepsilon_z, \gamma_{xy}, \gamma_{yz}, \gamma_{zx}]^T \quad (9.3)$$

$$[D] = \frac{E}{(1+\nu)(1-2\nu)} \begin{bmatrix} 1-\nu & \nu & \nu & 0 & 0 & 0 \\ \nu & 1-\nu & \nu & 0 & 0 & 0 \\ \nu & \nu & 1-\nu & 0 & 0 & 0 \\ 0 & 0 & 0 & \dfrac{1-2\nu}{2} & 0 & 0 \\ 0 & 0 & 0 & 0 & \dfrac{1-2\nu}{2} & 0 \\ 0 & 0 & 0 & 0 & 0 & \dfrac{1-2\nu}{2} \end{bmatrix}$$
$$(9.4)$$

この対称行列は **D マトリックス**と称され，仮定 $E > 0, 0 < \nu < 1/2$ の下では正定値である[2]．これは単純なバネでバネ定数が正であることに対応する．

　以下，3次元弾性体の線形理論での力のつり合いを記述する仮想仕事の原理（弱定式化）について述べる．ただし，変位 $\boldsymbol{u}$ から導かれるひずみ，応力は正式には $\varepsilon(\boldsymbol{u})$, $\sigma(\boldsymbol{u})$ で，重み関数（**仮想変位**）は $\delta\boldsymbol{u}$ で表し，それから導かれるひずみ（仮想ひずみ）を $\delta\varepsilon(\boldsymbol{u})$ と記すことにする[3]．弾性体内部に作用する単位体積あたりの外力（分布外力，例：重力）を $\boldsymbol{f} = [f_x, f_y, f_z]^T$，弾性体表面に作用する単位面積あたりの外力（表面力）を $\boldsymbol{g} = [g_x, g_y, g_z]^T$ と記せば，**仮想仕事の原理**（弱定式化）は，任意の仮想変位による内力仕事と外力仕事が等しいという，次の式で表される．

$$\iiint_\Omega \boldsymbol{\sigma}(\boldsymbol{u})^T \delta\varepsilon(\boldsymbol{u}) \, dx \, dy \, dz = \iiint_\Omega \boldsymbol{f}^T \delta\boldsymbol{u} \, dx \, dy \, dz + \iint_{\Gamma_2} \boldsymbol{g}^T \delta\boldsymbol{u} \, dA \quad (9.5)$$

ここで，Ω は弾性体の占める3次元領域，Γ_2 は弾性体表面で表面力が課される部分（**力学的境界条件**），dA は微小面素を表す．弾性体表面 Γ の残りの部分 Γ_1 では上記とは独立に変位 $\boldsymbol{u}$ の値が指定され（**幾何学的境界条件**），力学的境界条件が仮想仕事の原理から導かれるのと取り扱いに差が生じる．また，Γ_1 では $\delta\boldsymbol{u} = \boldsymbol{0}$ とする．なお，前式の左辺は，応力–ひずみ関係式を代入し，D マトリックスの対称性を用いれば，次のように書ける．

---

[2] 正定値だけなら ν については $-1 < \nu < 1/2$ で十分だが，通常の材料では $\nu > 0$ である．
[3] 記号が増えてわかりにくくなるのを避けるため，力学での慣習に従い変分記号 δ を用いた．

$$\iiint_\Omega ([D]\boldsymbol{\varepsilon}(\boldsymbol{u}))^T \delta\boldsymbol{\varepsilon}(\boldsymbol{u})\,dx\,dy\,dz = \iiint_\Omega \boldsymbol{\varepsilon}(\boldsymbol{u})^T [D]^T \delta\boldsymbol{\varepsilon}(\boldsymbol{u})\,dx\,dy\,dz$$

$$= \iiint_\Omega \boldsymbol{\varepsilon}(\boldsymbol{u})^T [D]\delta\boldsymbol{\varepsilon}(\boldsymbol{u})\,dx\,dy\,dz \qquad (9.6)$$

標準的な有限要素法（いわゆる変位法）では，最後の表示式が用いられる．

　ちなみに，仮想仕事の原理の式に Green の公式 [2] を適用すれば，弾性体の静的つり合いを表す Navier の偏微分方程式系が求められる[4]．

9.2　均質等方性弾性体の 2 次元線形理論

　前節の 3 次元問題にいくつか仮定を導入して簡略化すると，2 次元弾性体の方程式群が導かれる．現在ではかなり大規模な 3 次元問題でも 3 次元有限要素法で解析できるようになってはいるが，2 次元問題としての取り扱いは簡便で，それなりに有効な場面も少なくなく，一定の有用性を保っている．

　2 次元問題では，領域は xy 平面内の領域（$z = 0$. 記号 Ω を再使用する）とし，z 方向には薄い（厚さ t が Ω の寸法に比較して小さい）か，逆に非常に厚いとして，若干の仮定を導入する．前者に対しては平面応力問題，後者には平面ひずみ問題としての定式化が知られている．

　まず，**平面応力問題**は薄い平板の面内変形の解析などに活用されるが，変位 u_x, u_y は x, y のみの関数とし，さらに z 方向変位 u_z と z 方向の垂直応力 σ_z は他の成分に比して小さいとして無視する（平面応力の仮定）．このとき，ひずみ–変位関係と応力–ひずみ関係を適用すると，次式が導かれる[5]．

$$\varepsilon_z = -\frac{\nu}{1-\nu}(\varepsilon_x + \varepsilon_y), \quad \gamma_{yz} = \gamma_{zx} = 0 \qquad (9.7)$$

これを 3 次元応力–ひずみ関係式に代入すると，次の応力–ひずみ関係式をえる（前節と同じ記号を用いたが，いずれも x, y のみの関数である）．

---

[4] 系は連立の意味．Navier は流体力学での Navier–Stokes 方程式でも有名である．
[5] 厳密に $u_z = 0$ と $\sigma_z = 0$ を両立させることは通常は不可能である．あくまでも近似である．他方，次に述べる平面ひずみ問題の仮定は，状況によっては 3 次元問題で実現可能である．

$$\boldsymbol{\sigma} = [D]\boldsymbol{\varepsilon}; \quad \boldsymbol{\sigma} = [\sigma_x, \sigma_y, \tau_{xy}]^T, \quad \boldsymbol{\varepsilon} = [\varepsilon_x, \varepsilon_y, \gamma_{xy}]^T \tag{9.8}$$

$$[D] = \frac{E}{1-\nu^2} \begin{bmatrix} 1 & \nu & 0 \\ \nu & 1 & 0 \\ 0 & 0 & \dfrac{1-\nu}{2} \end{bmatrix} \tag{9.9}$$

次に**平面ひずみ問題**では，変位は全成分が z に依存せず，さらに $u_z = 0$ とする（平面ひずみの仮定）．この仮定は，たとえば真っすぐなトンネルのように柱状の穴が z 方向に空いた奥行きの深い弾性体において，穴の出入口付近を除けば近似的に成立するとされる．このとき，次が成立する．

$$\varepsilon_z = \gamma_{yz} = \gamma_{zx} = 0, \quad \sigma_z = -\frac{E\nu}{(1+\nu)(1-2\nu)}(\varepsilon_x + \varepsilon_y) \tag{9.10}$$

平面応力の場合の式 (9.8), (9.9) と同様な記号を用いれば，D マトリックスのみが異なり，3 次元の D マトリックスの一部を取り出したものになる．

$$[D] = \frac{E}{(1+\nu)(1-2\nu)} \begin{bmatrix} 1-\nu & \nu & 0 \\ \nu & 1-\nu & 0 \\ 0 & 0 & \dfrac{1-2\nu}{2} \end{bmatrix} \tag{9.11}$$

仮想仕事の原理も 3 次元と同様になるが，$\boldsymbol{f} = [f_x, f_y]^T$, $\boldsymbol{g} = [g_x, g_y]^T$ は z には依存しない 2 次元ベクトル値関数とし，さらに z 方向の積分は平面応力問題では $-t/2 < z < t/2$ に，平面ひずみ問題では単位厚さについて実行する．ただし，平面応力問題では板厚 t がかかるが，ここでは除しておけば[6]，

$$\iint_\Omega \boldsymbol{\sigma}(\boldsymbol{u})^T \delta\boldsymbol{\varepsilon}(\boldsymbol{u})\, dx\, dy = \iint_\Omega \boldsymbol{f}^T \delta\boldsymbol{u}\, dx\, dy + \int_{\Gamma_2} \boldsymbol{g}^T \delta\boldsymbol{u}\, ds \tag{9.12}$$

となる．ds は境界上の微小長さである．この場合も，左辺は式 (9.6) と同様な変形が可能だが，D マトリックスは問題に応じて変える必要がある．また，この式から次の偏微分方程式（Cauchy の方程式）と力学的境界条件（自然境界条件）をえる．

---

[6] 実際のプログラムでは，t が要素ごとに異なる場合を考え，t がかかった形で作成する．

$$-\frac{\partial \sigma_x}{\partial x} - \frac{\partial \tau_{xy}}{\partial y} = f_x, \quad -\frac{\partial \sigma_y}{\partial y} - \frac{\partial \tau_{xy}}{\partial x} = f_y \quad (\Omega \text{ 内で})$$

$$\sigma_x n_x + \tau_{xy} n_y = g_x, \quad \sigma_y n_y + \tau_{xy} n_x = g_y \quad (\Gamma_2 \text{ 上で})$$

(9.13)

ここで，$\boldsymbol{n} = [n_x, n_y]^T$ は Γ 上の外向き単位法線ベクトルである．前節で省略した3次元の Cauchy の偏微分方程式も手間はかかるが同様に導かれる．

ちなみに，平面応力/平面ひずみ問題での**軸対称問題**では，諸関数は半径方向 r のみの関数となり，必要なのは半径方向の成分 u_r, f_r, g_r となる[7]．その結果，残るひずみは半径方向の垂直ひずみ $\varepsilon_r = du_r/dr$（常微分に注意）と u_r に伴い生じる周方向ひずみ $\varepsilon_\theta = u_r/r$ となり，$\boldsymbol{\sigma} = [\sigma_r, \sigma_\theta]^T$，$\boldsymbol{\varepsilon} = [\varepsilon_r, \varepsilon_\theta]^T$ として，応力–ひずみ関係 $\boldsymbol{\sigma} = [D]\boldsymbol{\varepsilon}$ での D マトリックス $[D]$ は次の2次正方行列となる．

$$\frac{E}{1-\nu^2}\begin{bmatrix} 1 & \nu \\ \nu & 1 \end{bmatrix} \text{（平面応力）}, \quad \frac{E}{(1+\nu)(1-2\nu)}\begin{bmatrix} 1-\nu & \nu \\ \nu & 1-\nu \end{bmatrix} \text{（平面ひずみ）}$$

(9.14)

あとは通常の手順で仮想仕事の原理の式が導かれる．すなわち，周方向には1ラジアンだけとり，r に関する積分だけを実施すれば，次式をえる（$a \le r \le b$）．

$$\int_a^b \boldsymbol{\sigma}(u_r)^T \delta\boldsymbol{\varepsilon}(u_r) r\, dr = \int_a^b f_r \delta u_r r\, dr + g_r(b) b \delta u_r(b) - g_r(a) a \delta u_r(a) \quad (9.15)$$

ここで，基本境界条件が境界 $r = a$ もしくは b で課されている場合は，それに応じて $\delta u_r(a)$ ないし $\delta u_r(b)$ のいずれか，もしくは両方が0となる．この式から，軸対称問題でのつり合い方程式として次の常微分方程式がえられる．

$$-\frac{d(r\sigma_r)}{dr} + \sigma_\theta = r f_r(r) \quad (9.16)$$

平面応力問題の場合，これに $\sigma_r = \frac{E}{1-\nu^2}(du_r/dr + \nu u_r/r)$，$\sigma_\theta = \frac{E}{1-\nu^2}(u_r/r + \nu\, du_r/dr)$ を代入して整理すれば次式のようになる．

$$\frac{E}{1-\nu^2}\left(-\frac{d}{dr}\left(r\frac{du_r}{dr}\right) + \frac{u_r}{r}\right) = r f_r \quad (9.17)$$

これは係数を除けば，式 (8.44) で $n = 1$ の式に対応している．平面ひずみ問題の場合は，左辺の係数を $E(1-\nu)/[(1+\nu)(1-2\nu)]$ に変えればよい．また，基本境界条件が課されていない境界では，次の形の自然境界条件が導かれる[8]．

---

[7] ねじり問題では周方向変位 $u_\theta(r)$ も現れるが，ここでは触れない．

[8] 通常，境界の同じ部分で基本境界条件と自然境界条件が同時に課されることはない．

$$\sigma_r(a) = g_r(a), \quad \text{もしくは} \quad \sigma_r(b) = g_r(b) \tag{9.18}$$

これは，境界での内力と外力のつり合いを表す式である.

9.3 三角形 1 次要素

　ここでは弾性体の線形平面問題に対する**三角形 1 次有限要素**について述べるが [1]，基礎になるのは 7.3 節の Poisson 方程式に対する有限要素である.

　まず，要素 e の節点変位を並べた列ベクトルを

$$\boldsymbol{U}_e = [u_{x1}^e, u_{x2}^e, u_{x3}^e, u_{y1}^e, u_{y2}^e, u_{y3}^e]^T \tag{9.19}$$

とすれば，要素内での（近似）変位 $\boldsymbol{u} = [u_x, u_y]^T$ は次のように与えられる（以下，要素を示す添え字 e は自明のため省略する）.

$$\boldsymbol{u} = \begin{bmatrix} L_1 & L_2 & L_3 & 0 & 0 & 0 \\ 0 & 0 & 0 & L_1 & L_2 & L_3 \end{bmatrix} \boldsymbol{U}_e \equiv [A(x,y)]\boldsymbol{U}_e \tag{9.20}$$

これより，ひずみ $\boldsymbol{\varepsilon}$ は下記で定められる.

$$\boldsymbol{\varepsilon} = \begin{bmatrix} \varepsilon_x \\ \varepsilon_y \\ \gamma_{xy} \end{bmatrix} = \frac{1}{D_e} \begin{bmatrix} b_1 & b_2 & b_3 & 0 & 0 & 0 \\ 0 & 0 & 0 & c_1 & c_2 & c_3 \\ c_1 & c_2 & c_3 & b_1 & b_2 & b_3 \end{bmatrix} \boldsymbol{U}_e \equiv [B]\boldsymbol{U}_e \tag{9.21}$$

要素内での内力の仮想仕事は，仮想変位を $\delta\boldsymbol{u} = [A(x,y)]\delta\boldsymbol{U}$ として，$\boldsymbol{\sigma} = [D][B]\boldsymbol{U}$, $\delta\boldsymbol{\varepsilon} = [B]\delta\boldsymbol{U}$ に注意すれば，

$$\iint_e \boldsymbol{U}^T [B]^T [D][B]\delta\boldsymbol{U}\, dx\, dy = \frac{|D_e|}{2} \boldsymbol{U}^T [B]^T [D][B]\delta\boldsymbol{U} \tag{9.22}$$

となる. ここで，一般には積分が必要であるが，この場合は被積分関数が定数なので，それに三角形の面積 $|D_e|/2$ をかけるだけでよい. 以上により，要素剛性マトリックスは次式で与えられる.

$$[K]_e = \frac{|D_e|}{2} [B]^T [D][B] \tag{9.23}$$

　要素剛性マトリックスはこのままの形で計算してもよいが，計算プログラムを自作する際には，できるだけコンパクトな形にまとめた方が便利な場合もあるので，以下に式 (7.59) に対応する形を導いておく.

まず，平面応力の場合は $[D][B]$ は次のようになる．

$$\frac{E}{D_e(1-\nu^2)}\begin{bmatrix} b_1 & b_2 & b_3 & \nu c_1 & \nu c_2 & \nu c_3 \\ \nu b_1 & \nu b_2 & \nu b_3 & c_1 & c_2 & c_3 \\ \frac{1-\nu}{2}c_1 & \frac{1-\nu}{2}c_2 & \frac{1-\nu}{2}c_3 & \frac{1-\nu}{2}b_1 & \frac{1-\nu}{2}b_2 & \frac{1-\nu}{2}b_3 \end{bmatrix} \tag{9.24}$$

これより，平面応力問題での $[K]_e$ は次のように整理して書ける $(i, j = 1, 2, 3)$．

$$\begin{cases} [K]_{e,i,j} &= \dfrac{E}{2|D_e|(1-\nu^2)}\left(b_i b_j + \dfrac{1-\nu}{2}c_i c_j\right) \\[2mm] [K]_{e,i,j+3} &= \dfrac{E}{2|D_e|(1-\nu^2)}\left(\nu b_i c_j + \dfrac{1-\nu}{2}c_i b_j\right) \\[2mm] [K]_{e,i+3,j} &= \dfrac{E}{2|D_e|(1-\nu^2)}\left(\nu c_i b_j + \dfrac{1-\nu}{2}b_i c_j\right) \\[2mm] [K]_{e,i+3,j+3} &= \dfrac{E}{2|D_e|(1-\nu^2)}\left(c_i c_j + \dfrac{1-\nu}{2}b_i b_j\right) \end{cases} \tag{9.25}$$

同様に，平面ひずみ問題での要素剛性マトリックスは次のように表される．

$$\begin{cases} [K]_{e,i,j} &= \dfrac{E}{2|D_e|(1+\nu)(1-2\nu)}\left((1-\nu)b_i b_j + \dfrac{1-2\nu}{2}c_i c_j\right) \\[2mm] [K]_{e,i,j+3} &= \dfrac{E}{2|D_e|(1+\nu)(1-2\nu)}\left(\nu b_i c_j + \dfrac{1-2\nu}{2}c_i b_j\right) \\[2mm] [K]_{e,i+3,j} &= \dfrac{E}{2|D_e|(1+\nu)(1-2\nu)}\left(\nu c_i b_j + \dfrac{1-2\nu}{2}b_i c_j\right) \\[2mm] [K]_{e,i+3,j+3} &= \dfrac{E}{2|D_e|(1+\nu)(1-2\nu)}\left((1-\nu)c_i c_j + \dfrac{1-2\nu}{2}b_i b_j\right) \end{cases} \tag{9.26}$$

9.4　円環領域での数値例

　数値例として，半径 1/2, 1 の同心円で囲まれた円環領域での平面応力問題を三角形 1 次要素で解いてみたが，手順は平面ひずみ問題でもほとんど同じである．ただし，計算領域は第 1 象限部分とし，第 7 章での分割から半径 1/2 の円板に相当する部分を除去した図 9.1 のような要素分割を用いた．言うまでもなく，円弧部分は折れ線で近似されている．また，外周部分の分割数を m（偶数）とすれば，内周部分の分割数は $m/2$ となる．この分割は完全には規則的ではないが，ほぼ規則的である．2 次元弾性体の物理定数は，$E = 1, \nu = 0.3$ とした．

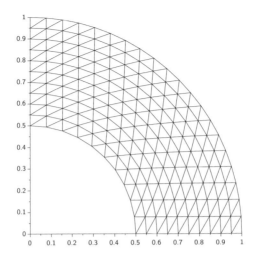

図 9.1　1/4 円環領域の分割例：$m = 20$, $h = 1/20$

　境界条件は，外周，内周の円弧部分で $g_x(1/2, \theta) = g_y(1/2, \theta) = 0$, $g_x(1, \theta) = \cos\theta$, $g_y(1, \theta) = \sin\theta$ と与えた（自然境界条件）．ただし，ここでは（独立）変数に極座標表示 (r, θ) を用いたが，外荷重を内周では値 0，外周では半径方向に値 1 の引張力に選んでいることになる．また，1/4 領域を扱ったために現れた人工的な境界である x 軸，y 軸上では，順に $g_x(x, 0) = u_y(x, 0) = 0$, $u_x(0, y) = g_y(0, y) = 0$ とするが（基本境界条件と自然境界条件が混在），特にそこでの $\boldsymbol{g}$ は半径方向の大きさ 0 のベクトルである．なお，外周上の $\boldsymbol{g}$ に起因する各要素での積分は，各要素の弦長の 1/2 ではなく，周長の 1/2 に節点での $\boldsymbol{g}$ の各座標軸成分を乗じたもので近似した．

　この問題は領域の形状や $\boldsymbol{g}$ の関数形から軸対称問題として扱うことができ，しかも $\boldsymbol{f} = \boldsymbol{0}$ なので，式 (9.17) は $-d(r\, du_r/dr)/dr + u_r/r = 0$ となり，その一般解は $C_1 r + C_2/r$（C_1, C_2 は定数）で与えられる．これに境界条件 $\sigma_r(1/2) = 0$, $\sigma_r(1) = 1$ を適用すれば，u_r, σ_r は次式のように定められる．

$$u_r(r) = \frac{4(1-\nu)}{3E} r + \frac{1+\nu}{3E} \frac{1}{r}, \quad \sigma_r(r) = \frac{4}{3} - \frac{1}{3} \frac{1}{r^2} \tag{9.27}$$

この問題では $\sigma_r(r)$ が E, ν に依存しないことに注意しよう．ちなみに，対応する平面ひずみ問題でも同様である．いま，最初の仮定どおり $E = 1$, $\nu = 0.3$ ととると，

表 **9.1** $\hat{u}_x(1/2,0)$, $\hat{u}_x(1,0)$ と誤差

h	$\hat{u}_x(1/2,0)$	$error11$	$error12$	$\hat{u}_x(1,0)$	$error21$	$error22$
1/10	1.2895	0.0439	1.91	1.3595	$7.16e\text{-}3$	7.16
1/20	1.3192	0.0141	1.88	1.3656	$1.10e\text{-}3$	8.78
1/40	1.3289	$4.43e\text{-}3$	1.92	1.3665	$1.16e\text{-}4$	7.44
1/100	1.3324	$9.23e\text{-}4$	2.00	1.3667	$-1.25e\text{-}5$	-12.5

$$u_r(r) = \frac{2.8}{3}r + \frac{1.3}{3}\frac{1}{r}; \quad u_r\left(\frac{1}{2}\right) = \frac{4}{3} = 1.3333\cdots, \quad u_r(1) = \frac{4.1}{3} = 1.3666\cdots$$

$$(9.28)$$

なお，x 軸上では $u_x(x,0) = u_r(x)$, $\sigma_x(x,0) = \sigma_r(x)$ が成立する．

m をいくつか変えて CG 法で計算し，代表要素寸法 $h = 1/m$ を用いて整理した．まず，近似変位 $\hat{u}_x(1/2,0)$, $\hat{u}_x(1,0)$ については，表 9.1 の結果をえた．ここで，$error11 = u_x(1/2,0) - \hat{u}_x(1/2,0)$, $error12 = error11/(h^2|\log h|)$, $error21 = u_x(1,0) - \hat{u}_x(1,0)$, $error22 = error21/(h^3)$ とする．

表 9.1 より，選んだ点により収束，精度にかなり差があることがわかる．変位の誤差は全体的には h^2 に比例する程度と思われるが，$\hat{u}_x(1/2,0)$ については対数項が乗じられているようで，それより少し悪い[9]．他方，$\hat{u}_x(1,0)$ については収束は h が大きいところでは h^3 に比例する程度で非常に速いが，$h = 1/100$ では誤差自体は小さいが符号が反転している．これが本質的なものか，桁落ちなどの計算機誤差によるものなのかはこれだけではわからない．さらに高精度の計算が必要と思われるが，高精度の解がえられた場合，その誤差の数値的評価はかなり不安定な計算であることだけ注意しておく．

次に表 9.1 と同じ 2 点での近似値 $\hat{\sigma}_x$ の誤差について結果を表 9.2 に表示する．ただし，$\sigma_x(1/2,0) = 0$, $\sigma_x(1,0) = 1$ に注意して，$error3 = \hat{\sigma}_x(1/2,0)/h$, $error41 = 1 - \hat{\sigma}_x(1,0)$, $error42 = error41/h$ とする．なお，点 $(1/2,0)$ の方は 2 要素の共通節点だが，辺が x 軸上にある方の要素での値（定数値）を採用した．これらの誤差はほぼ h に比例する程度である．変位を微分してひずみがえられ，ひずみに D マトリックスを乗じて応力が求められるので，これは当然かもしれない．複数の要素での応力値を平均化するすることにより，結果を改善できるこ

---

[9] 微分積分学によれば，対数項の存在は収束の速さを h^2 より遅らせるが，ε を小さな正の数として，$h^{2-\varepsilon}$ よりは速い [2].

表 9.2　$\hat{\sigma}_x(1/2,0)$, $\hat{\sigma}_x(1,0)$ と誤差

h	$\hat{\sigma}_x(1/2,0)$	$error3$	$\hat{\sigma}_x(1,0)$	$error41$	$error42$
$1/10$	0.30960	3.10	0.97713	0.0229	0.229
$1/20$	0.16720	3.34	0.98812	0.0119	0.238
$1/40$	0.087304	3.49	0.99408	$5.92e-3$	0.237
$1/100$	0.035784	3.58	0.99763	$2.37e-3$	0.237

とがあるが，収束の速さは h に比例する程度にとどまるのが普通であろう．特に境界付近での平均化操作には注意がいる[10]．

　最後に，もっとも粗い分割 $m=10$, $h=1/10$ での x 軸上の x 方向変位と x 方向垂直応力を図 9.2, 9.3 に示す．まず，変位については有限要素解 $\hat{u}_x(x,0)$ のグラフは折れ線状で厳密解のそれより下にある．全体的には，有限要素解は分割が粗いわりにはまずまずの結果を与えている（図 9.2）．

　次に応力であるが，有限要素解 $\hat{\sigma}_x(x,0)$ は（当然ながら）階段関数になっており，近似精度はよくない．しかし，厳密解 $\sigma_x(x,0)$ の要素平均値のグラフと比べると，精度はいくらかよくなっているように思われ，すでに触れたように，複数の有限要素解を利用した平均化操作（平滑化）は実用的には意味がある（図 9.3）．ただし，場合によってはかえって悪い結果をえることもありえるし，境界近傍の要素では確実な平均化アルゴリズムを作成するのは原理的に難しい面もあり，利用にあたっては注意が必要である[11]．

9.5　結　び

　有限要素法においては，本章で述べたものより高精度の要素が利用できるが，その基本は第 7 章，第 8 章と本章の要素である．現在は，かなりの分野で有限要素法の体系はほぼ確立しているが，その代わり，多くはブラックボックスになっている．ここで紹介した事項が何らかの参考になることを願う次第である．

---

[10] ある種の超収束が生ずる場合は別である．

[11] 平滑化は多くの有限要素ソフトウェアで採用され，さらにグラフィック表示により，全体的には改善された近似解が求められる．ただし，平滑化前の数値も状況に応じて必要になる．

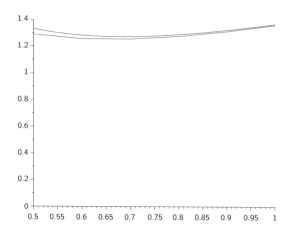

図 **9.2** x 軸上の変位：上は $u_x(x,0)$, 下は $\hat{u}_x(x,0)$ (折れ線)；$m = 10,\ h = 1/10$

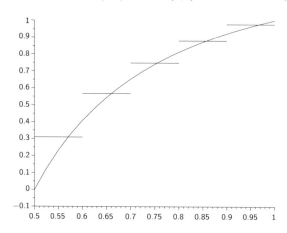

図 **9.3** x 軸上の応力：曲線は $\sigma_x(x,0)$, 階段関数は $\hat{\sigma}_x(x,0)$；$m = 10,\ h = 1/10$

参 考 文 献

[1] O.C. Zienkiewicz, Y.K. Cheung, *The Finite Element Method in Structural and Continuum Mechanics*, McGraw-Hill, 1967. (吉識雅夫監訳,『マトリックス有限要素法』, 培風館, 1970. 本書は後に何度も改訂された.)

[2] 笠原皓司,『微分積分学』, サイエンス社, 1974.

索 引

134   索 引

著者略歴

菊地　文雄（きくち　ふみお）
東京大学工学部原子力工学科卒業．同大学工学系研究科博士課程修了，
工学博士．東京大学宇宙航空研究所助手，同講師，同助教授，同大学
教養学部助教授，同教授，同大学大学院数理科学研究科教授を経て東
京大学名誉教授．

数値計算の誤差と精度

令和 4 年 10 月 25 日　発　行

著作者　　菊　地　文　雄

発行者　　池　田　和　博

発行所　　丸善出版株式会社
〒101-0051 東京都千代田区神田神保町二丁目 17 番
編集：電話 (03) 3512-3266／FAX (03) 3512-3272
営業：電話 (03) 3512-3256／FAX (03) 3512-3270
https://www.maruzen-publishing.co.jp

© Fumio Kikuchi, 2022

組版印刷・大日本法令印刷株式会社／製本・株式会社 松岳社

ISBN 978-4-621-30753-3　C 3041　　　　Printed in Japan